desafios

Evolução e sexualidade
O que nos fez humanos

Clarinda Mercadante
Bióloga naturalista pela Universidade de São Paulo,
autora de livros paradidáticos e coautora de livros didáticos
para o Ensino Fundamental II (EJA) e Ensino Médio.

2ª edição
São Paulo, 2015

© **CLARINDA MERCADANTE, 2015**
1ª edição, 2004

COORDENAÇÃO EDITORIAL: Lisabeth Bansi
ASSISTÊNCIA EDITORIAL: Patrícia Capano Sanchez
PREPARAÇÃO DE TEXTO: José Carlos de Castro
COORDENAÇÃO DE EDIÇÃO DE ARTE: Camila Fiorenza
CAPA E DIAGRAMAÇÃO: Michele Figueredo
CARTOGRAFIA: Anderson de Andrade Pimentel
ILUSTRAÇÕES E INFOGRÁFICOS: Paulo Manzi
IMAGENS DE CAPA: © Nigel Pavitt/Getty Images, © T-Design/Shutterstock, © Goodluz/Shutterstock, © Paulo Manzi
COORDENAÇÃO DE REVISÃO: Elaine C. del Nero
REVISÃO: Andrea Ortiz
PESQUISA ICONOGRÁFICA: Júnior Rozzo, Marcia Mendonça
COORDENAÇÃO DE *BUREAU*: Américo Jesus
TRATAMENTO DE IMAGENS: Arleth Rodrigues
PRÉ-IMPRESSÃO: Alexandre Petreca
COORDENAÇÃO DE PRODUÇÃO INDUSTRIAL: Wilson Aparecido Troque
IMPRESSÃO E ACABAMENTO: EGB - Editora Gráfica Bernardi Ltda.

Obras da página 15:
• *Segunda classe*, Tarsila do Amaral, 1933. Óleo sobre tela, 110 × 151 cm.
• *Menino camponês debruçado no peitoril*, Bartolomé Esteban Murillo, 1670-80. Óleo sobre tela, 52 × 38,5 cm.

Dados Internacionais de Catalogação na Publicação (CIP)
(Câmara Brasileira do Livro, SP, Brasil)

Mercadante, Clarinda
   Evolução e sexualidade : o que nos fez humanos / Clarinda Mercadante. – 2. ed. – São Paulo : Moderna, 2015. – (Coleção desafios)

   ISBN 978-85-16-09531-4

   1. Evolução humana (Ensino fundamental) 2. Sexo (Biologia) (Ensino fundamental) I. Título.

14-05392   CDD-372.357

Índice para catálogo sistemático:
1. Evolução e sexualidade : Ensino fundamental   372.357

REPRODUÇÃO PROIBIDA. ART. 184 DO CÓDIGO PENAL E LEI Nº 9.610, DE 19 DE FEVEREIRO DE 1998

Todos os direitos reservados
EDITORA MODERNA LTDA.
Rua Padre Adelino, 758 – Belenzinho
São Paulo – SP – Brasil – CEP 03303-904
Vendas e atendimento: Tel. (11) 2790-1300
www.modernaliteratura.com.br
2015
Impresso no Brasil

*Somos uma mistura original e única (...),
que combina algumas das qualidades dos
nossos progenitores e do conjunto dos nossos
antepassados mais distantes.*

Steve Jones, diretor do departamento de
Biologia da University College London.

Agradecimentos

À Lisabeth Bansi, ao José Carlos de Castro e
à Cristina Costa pela orientação, apoio e estímulo.

Sumário

Apresentação, 5

1. Origem e evolução do ser humano, 7
2. Mudanças no corpo e no comportamento, 18
3. A afetividade e as relações humanas, 26
4. A sexualidade humana, 32
5. O jogo da sedução, 43
6. Fazendo amor, 50
7. A maratona da vida, 54
8. A sociedade humana e a cultura, 66
9. O ser humano e a valorização da vida, 73

Bibliografia, 79

Apresentação

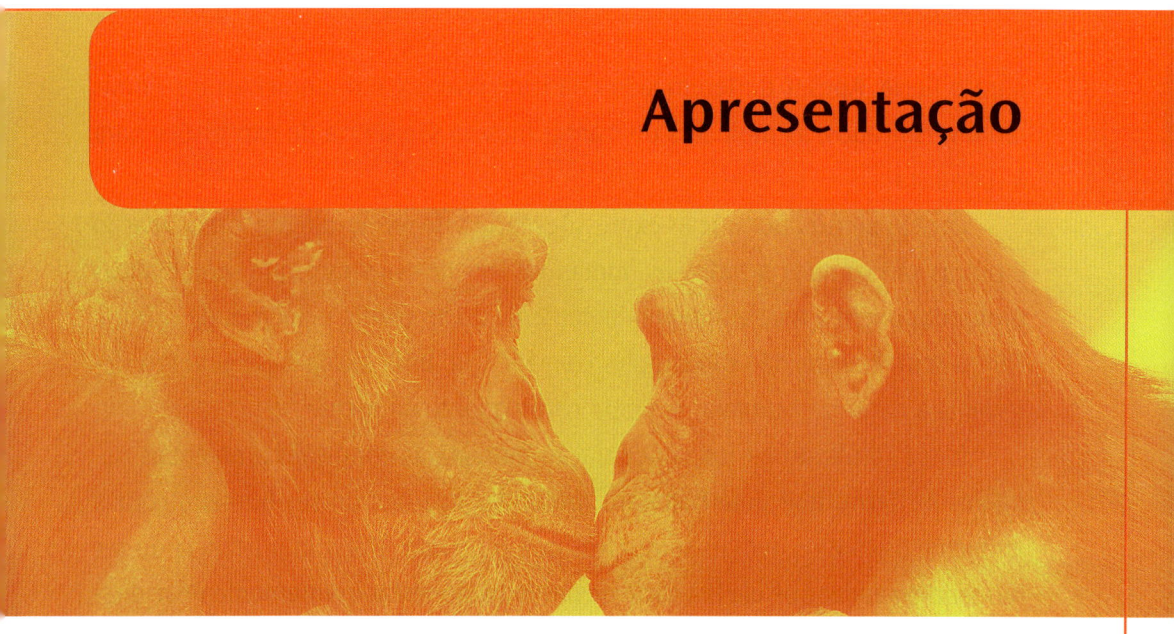

DO SEU LONGO PERCURSO EVOLUTIVO, o ser humano ainda guarda resquícios de seus ancestrais. Normalmente, ele os ignora, esquecendo-se de que as características herdadas de seus antepassados encontram-se nos seus menores atos e de que as lembranças desse passado evolutivo influem nas atitudes que toma e nas coisas que faz. Ao longo desse percurso, a sexualidade e a vida afetiva, em particular, tiveram importante papel.

A condição animal dos humanos sempre foi desprezada: a cultura ocidental valorizou a racionalidade e esqueceu que o equilíbrio interior dos seres humanos também está ligado às necessidades biológicas básicas, comuns a todos os animais e condicionadas pela herança genética, ou seja, pelo conjunto de características herdadas dos ancestrais. Parte do nosso comportamento tem origem biológica, pois alguns tipos de conduta são comuns a todos os povos.

Por que povos culturalmente tão diferentes, que vivem em ambientes às vezes tão diversos, podem ter comportamentos e atitudes semelhantes? Em que consiste essa teia que une a todos? Em todas as culturas existem o amor, a gratidão, o remorso, o ódio, a vergonha, o medo e tantos outros sentimentos. Por quê?

O pesquisador alemão Eibl-Eibesfeldt, estudando o comportamento humano de diferentes povos, mostrou a existência de um padrão universal feminino para o flerte. Apesar de terem sido criadas e viverem em ambientes e culturas tão diversificados, as mulheres utilizam a mesma sequência de expressões para a conquista.

Você já pensou por que as expressões faciais de medo, alegria, preocupação e outras são comuns a todos os humanos? Elas demonstram que semelhanças profundas unem a todos, independentemente do ambiente e do grau de cultura. Tantas semelhanças não são simples coincidência: uma sólida base genética determina a natureza humana, tanto do corpo quanto da mente.

Isso é resultado da longa adaptação humana às condições ambientais reinantes na Terra, que determinaram profundas ligações do ser humano com o ambiente físico e os demais seres vivos que o cercam. Daí a importância do ser humano entender que ele faz parte de um todo, por estar intimamente relacionado com o meio em que vive e sofrer a ação de inúmeros estímulos do ambiente. Qualquer alteração desse ambiente irá influir no seu comportamento e no seu modo de vida.

É nosso objetivo, nesta obra, mostrar o ser humano não como um ser insensível, isolado no topo da escala zoológica, mas como um ser intimamente relacionado com o mundo que o cerca, reconhecendo-se como animal e entendendo as limitações e responsabilidades decorrentes da integração com um sistema vivo. E nesse contexto vamos destacar a sexualidade e sua importância em nossa vida.

Espera-se que essa consciência desenvolva o respeito para com o próprio corpo e para com os outros seres vivos, indispensável para uma vida mais saudável, para a sobrevivência da vida na Terra e, consequentemente, para a nossa própria sobrevivência.

1. Origem e evolução do ser humano

ÁFRICA, O BERÇO DA HUMANIDADE

É comum indagarmos sobre a nossa origem. Viemos mesmo dos macacos? Antigamente a pergunta era ouvida com desprezo e incredulidade, mas hoje é recebida com naturalidade. Na verdade, não descendemos dos macacos, mas, sim, temos um ancestral em comum com eles.

A origem do ser humano — esse mamífero tão especial — deve ser analisada, pois o comportamento humano tem raízes num passado remoto, quando um ser meio macaco, meio humano ocupava as florestas e depois as savanas da África — uma região de vegetação rasteira, com poucas árvores —, dando origem aos primeiros antepassados dos seres humanos.

Há milhões de anos, a África era coberta por densas florestas. Porém, terremotos abalaram o continente e modificaram sua topografia, fazendo surgir montanhas de até 3 mil metros de altitude ao longo do continente.

Essas modificações transformaram não só a paisagem como também o clima: as grandes elevações formaram uma barreira contra a passagem da umidade, tão necessária à manutenção das florestas; consequentemente, as árvores escassearam, diminuindo as áreas de florestas, em parte substituídas por matas, savanas e desertos.

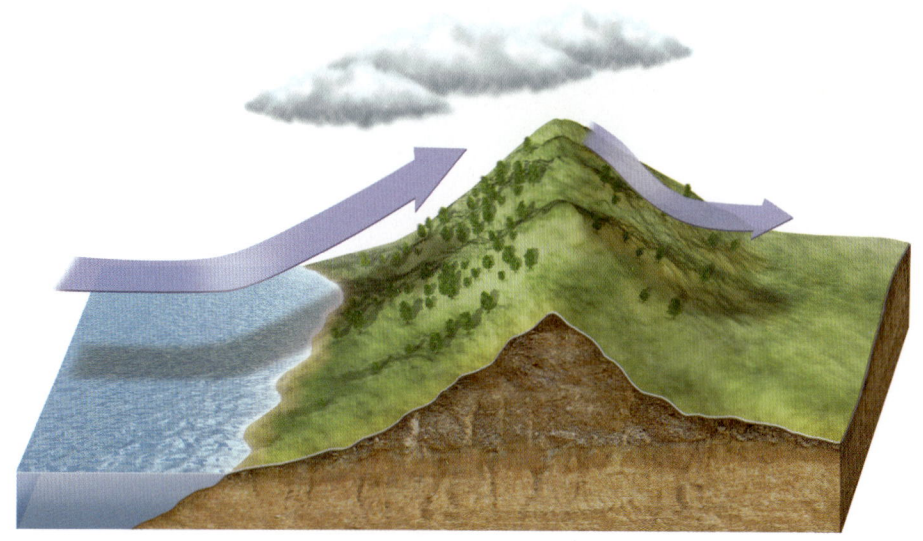

Há milhões de anos, a formação de montanhas muito altas impediu a passagem de correntes aéreas, ricas em umidade, da região litorânea para o interior. O litoral, mais úmido, manteve as florestas lá existentes, enquanto no interior a vegetação tornou-se escassa.

Posteriormente, outras modificações da crosta terrestre originaram um grande vale que, estendendo-se de norte a sul, funcionou como um obstáculo natural às populações animais que viviam na região.

Separados por essa barreira natural, grupos de animais que antes conviviam passaram a viver em lugares com condições ambientais diferentes.

Assim, o destino dos seres vivos que ficaram nessas novas regiões dependia da adaptação às novas condições do meio; sobreviveriam os que se adaptassem, os demais pereceriam.

Com o passar do tempo, os indivíduos foram sofrendo pequenas modificações que, ao longo de muitas gerações, resultaram em populações com características físicas e comportamentais diferentes em cada uma das novas regiões.

Assim, alguns desses animais do passado continuaram habitando as árvores das florestas remanescentes e originaram o orangotango, o gorila e o chimpanzé; outros, que ocupavam a região que se modificou, para poder sobreviver, aventuraram-se pelo chão e deram origem aos humanos. Isso não se deu num passe de mágica, mas foram necessários milhões de anos para que pequenas modificações fossem ocorrendo gradativamente e se somando até formar uma nova espécie: a humana.

A formação de um longo e sinuoso vale (Vale da Grande Fenda, que atravessa a Etiópia, o Quênia e a Tanzânia) funcionou, há cerca de 12 milhões de anos, como uma grande barreira, impedindo a comunicação entre os animais que antes conviviam entre si.

■ Vale da Grande Fenda.

A floresta primitiva apresentava grande variedade de folhas e frutos comestíveis, alimento farto e variado para nossos antepassados, que viviam em bandos e saciavam a fome nos lugares por onde passavam. Com as mudanças ambientais, as florestas deram lugar às savanas, e estas não tinham a mesma fartura de alimento. As diferentes espécies animais, então, iniciaram uma grande competição por alimento. Provavelmente, alguns dos nossos ancestrais se aventuraram fora do ambiente em que sempre tinham vivido para procurar outras fontes de subsistência. Para sobreviver, modificaram os hábitos alimentares e especializaram-se na caça de pequenos animais.

Porém, havia um grande empecilho: fisicamente, não possuíam características de caçador. Não tinham presas desenvolvidas, garras e esqueletos que lhes permitissem locomover-se em pé para empunhar paus, pedras e carregar o que coletavam. A caça de animais maiores tornava-se difícil. Teriam chances de sobreviver?

A EVOLUÇÃO DO SER HUMANO

O antropólogo Richard Leakey, em seu livro *A origem da espécie humana*, afirma que o fundador da família humana era fisicamente diferente dos macacos atuais e devia alimentar-se de talos, sementes, raízes, brotos e insetos. Talvez comesse animais que já encontrava mortos e, como os chimpanzés, usasse gravetos para desenterrar raízes ou espantar adversários.

Acredita-se que a partir desse animal, que viveu entre 5 e 7 milhões de anos atrás, surgiu a família humana. Mas somente há 3 milhões de anos, aproximadamente, os hominídeos (espécies humanas ancestrais) proliferaram e deram origem a novos tipos: um deles foi a origem dos humanos modernos. Entre esse ancestral e o ser humano atual — conhecido nos meios científicos como *Homo sapiens sapiens* — houve uma série de outros tipos.

Como tudo isso aconteceu? Para responder a essa questão, temos que recorrer à célula constituinte fundamental de todos os seres vivos. Nas células há os cromossomos, e nestes, os genes. Os cromossomos são constituídos principalmente pelo DNA (ácido desoxirribonucleico). O gene é um pedaço da molécula do DNA que controla a produção de proteínas, responsáveis por todas as características que identificam um ser como pertencente a determinado grupo ou espécie (vegetal, animal, bactéria ou qualquer outro), definindo desde a forma até as substâncias que compõem suas células, assim como seu funcionamento.

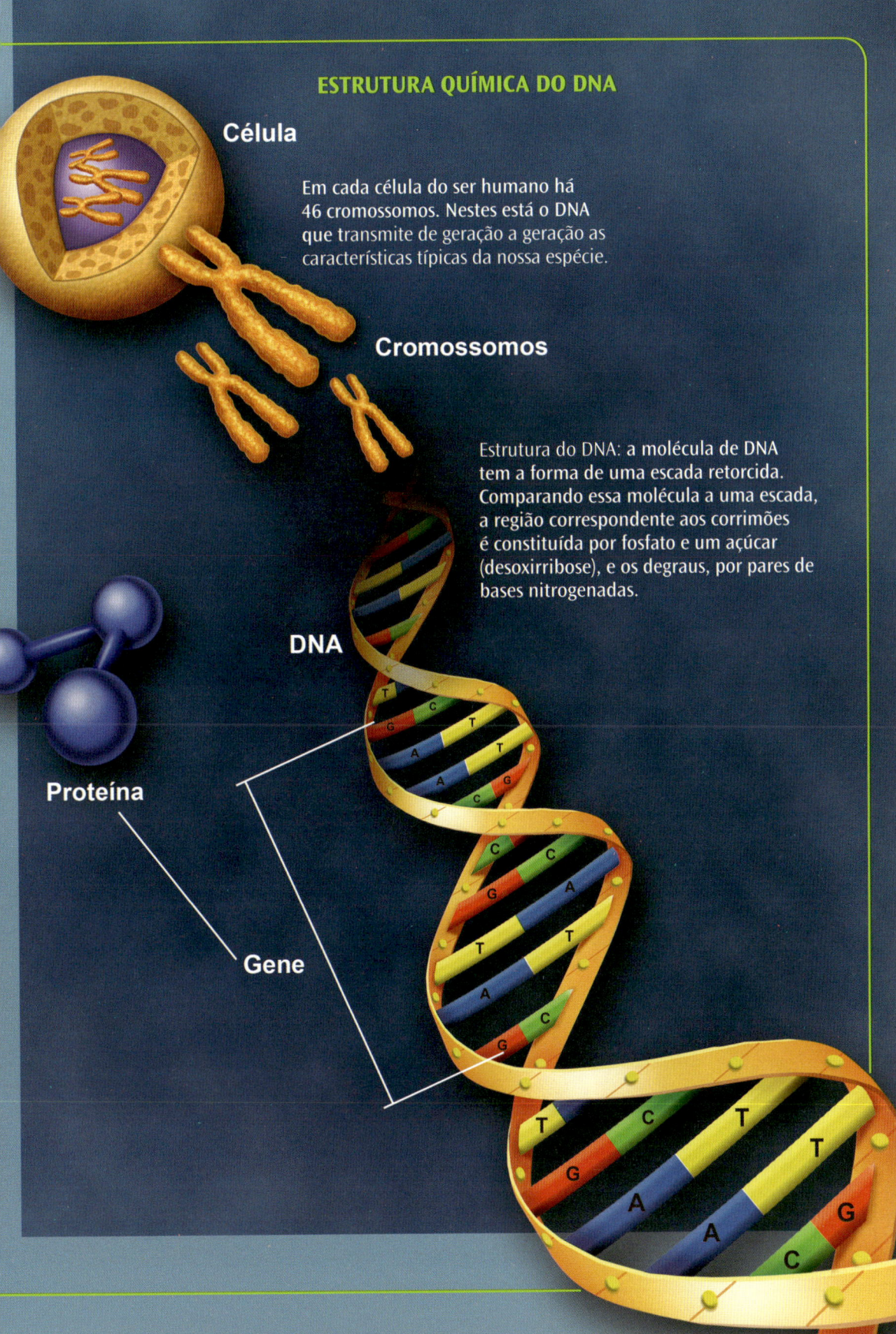

Ocasionalmente, a sequência das bases da molécula do DNA se modifica e, consequentemente, modifica também as substâncias que vão ser formadas no novo ser, o que alterará as características determinadas pelo gene. Essas modificações, geralmente casuais, são as mutações, que constituem a base ou a matéria-prima da evolução.

Se essa modificação for favorável ao ser, aumentando-lhe a possibilidade de sobrevivência no meio, a mutação terá maior probabilidade de ser mantida. Essas mudanças ocorrem continuamente e, por serem graduais, são assimiladas naturalmente pelas populações, passando despercebidas aos nossos olhos.

Desse modo, somos, entre outras coisas, o resultado da herança genética codificada em nosso DNA, originada não só do nosso grupo familiar e racial, mas também dos nossos antepassados que viveram há milhões de anos. Entretanto, não podemos chegar ao extremo de acreditar que o DNA seja o único responsável por tudo o que somos. Agindo sobre nosso material genético comum, a cultura e o ambiente criam inúmeros e variados comportamentos e atitudes.

O isolamento geográfico durante um certo período de tempo deu a cada grupo étnico características genéticas próprias. Mas o ser humano é, também, resultado do ambiente cultural e social em que vive.

A própria formação dos grupos étnicos, que apresentam semelhanças culturais ou biológicas, é resultado das mutações. Grupos humanos dispersaram-se por várias regiões da Terra e ficaram muito tempo isolados geograficamente. Durante o período de isolamento, sofreram pequenas modificações que foram se somando, dando-lhes características diferentes. Se um desses grupos tivesse permanecido isolado por longo período de tempo, seriam tantas as modificações causadas pelas mutações que talvez até impossibilitassem o cruzamento ou a formação de um descendente, caso esses grupos se encontrassem. Nesse caso teria se formado uma nova espécie. Mas isso não aconteceu.

Assim, ocorre naturalmente uma seleção imposta pelo ambiente, sobrevivendo aquele que estiver mais adaptado a ele. A esse processo — o principal mecanismo da teoria da evolução enunciada por Charles Darwin (1809-1882) — damos o nome de seleção natural.

A hipótese mais aceita sobre a origem da espécie humana afirma que, por um mecanismo semelhante, um grupo primitivo de animais se diversificou, originando o ser humano, o chimpanzé, o gorila e o orangotango.

CLADOGRAMA DA EVOLUÇÃO DOS ANTROPOIDES

Ancestral comum

14

10

6

Gorila   Humanos   Chimpanzés   Orangotangos

Há 6 milhões de anos houve a separação das linhagens: uma daria origem ao chimpanzé, a outra, ao ser humano. (Fonte: Folha Ciência. 8 março 2012)

Recentemente, estudos bioquímicos revelaram que há 99,8% de semelhança entre o DNA humano e o do chimpanzé. Também nos mostraram que o chimpanzé é muito mais parecido com os humanos do que com o gorila.

O QUE NOS DIFERENCIA DOS OUTROS PRIMATAS

O ser humano, o gorila, o chimpanzé e o orangotango fazem parte do grupo dos mamíferos conhecido como primatas. Diferem bastante entre si, mas, de todos, o ser humano é um primata muito especial: herdou de seus ancestrais a visão binocular (que permite a visão tridimensional e a percepção de profundidade) e a capacidade de agarrar e manipular objetos com as mãos, com destreza e perfeição.

Além de o corpo ter-se tornado ereto, houve ainda o aumento relativo do volume do cérebro e da espessura do córtex, camada mais externa do cérebro dos vertebrados, onde se situam as circunvoluções (ondulações), que no ser humano são mais desenvolvidas do que nos demais primatas. Como consequência dessas modificações cerebrais, sua capacidade mental tornou-se maior.

Além dessas diferenças, uma das principais características humanas é a criação do mundo espiritual. Os chimpanzés não enterram seus mortos nem têm simbologia para o além; não representam graficamente as emoções, embora elas estejam presentes no semblante e nos gestos; não apresentam criatividade para a elaboração de símbolos que levem a imagens gráficas ou musicais.

Somente o ser humano manifesta suas emoções por meio de suas criações: quando ouvimos uma música, ela pode nos transmitir o sentimento de tristeza ou alegria do compositor; quando lemos um livro ou observamos um quadro, podemos entender as mensagens de seus autores. O ser humano é o único animal capaz de impor sua vontade ao meio ambiente. Somente os humanos amam de forma ampla, englobando todas as criaturas.

Como outros primatas, graças ao tórax largo, à postura ereta do corpo e à disposição dos braços, o ser humano pode deitar-se de costas e observar o céu, mas só ele é capaz de olhar e imaginar além do céu.

Em seu livro *A arte de amar*, Erich Fromm, famoso psicanalista norte-americano, assim define o ser humano: "O homem é dotado de razão (...) tem consciência de si, dos seus semelhantes, de seu passado e das possibilidades do seu futuro".

TODOS SÃO PARENTES:

orangotango

gorila

chimpanzé

ser humano

Apenas o ser humano é capaz de expressar suas emoções por meio de suas criações, como vemos nas obras de Tarsila do Amaral (acima) e de Bartolomé Esteban Murillo (ao lado).

Australopithecus - Usava seus braços longos para se pendurar nas árvores, andava ereto e usava as mãos para coletar alimento. Antes de 4 milhões de anos o *Australopithecus ananensis* viveu onde hoje é o Quênia, na África. Em 1999 foram descobertos três indivíduos de Australopitecos de uma espécie denominada *Australopithecus garhi*. Junto a eles os pesquisadores encontraram restos de um animal que havia sido devorado. Os ossos haviam sido cortados por meio de instrumentos. O tamanho dos membros, a capacidade craniana e a época em que viveram sugerem ser essa espécie de Australopitecos a forma de transição entre o gênero *Australopithecus* e o gênero *Homo* (humano).

Homo habilis - Produziam ferramentas de pedras lascadas com bordas cortantes. Viviam na África e abrigavam-se em cavernas.

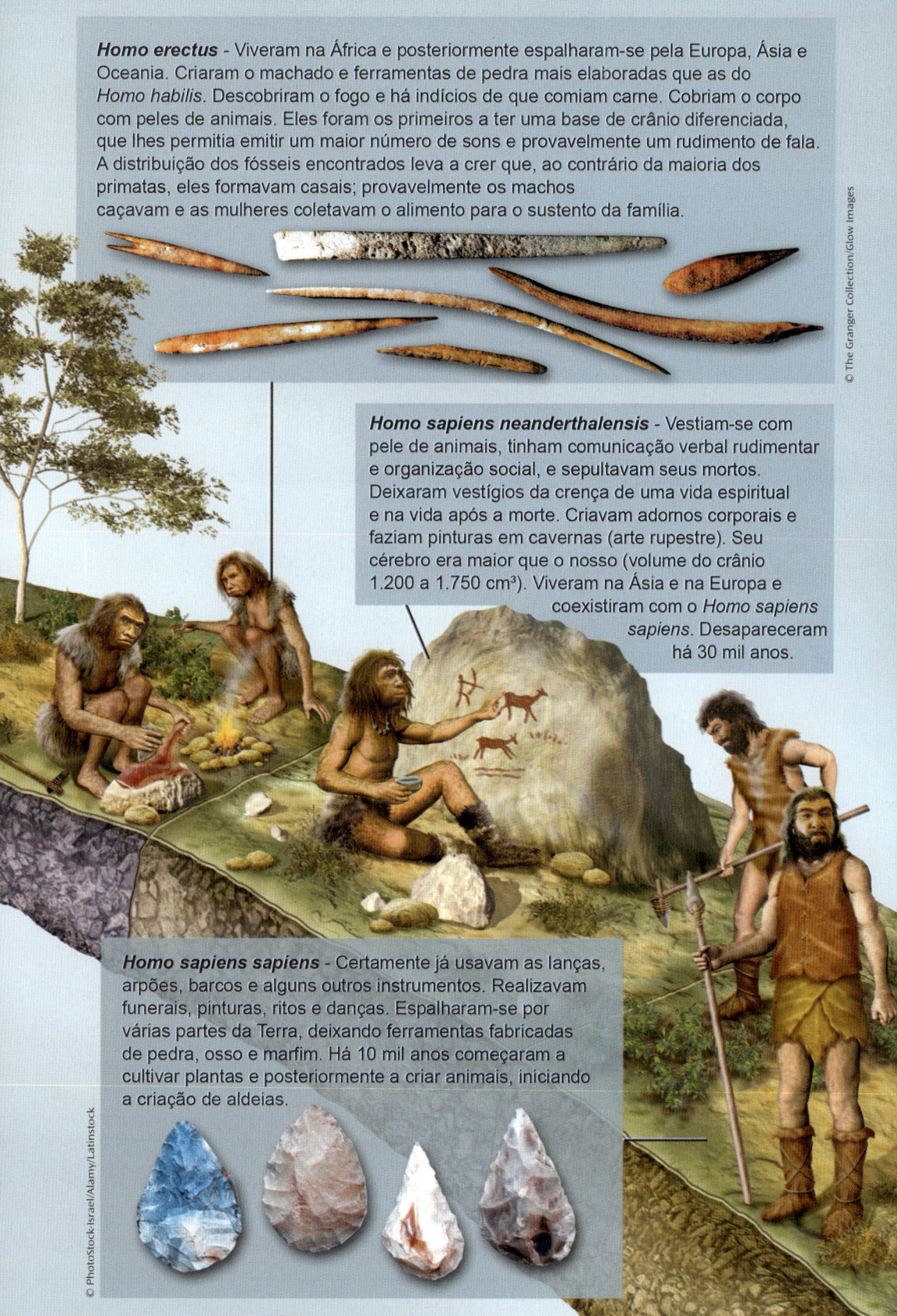

2. Mudanças no corpo e no comportamento

SURGE UMA NOVA FORMA DE COOPERAÇÃO

Para compensar a falta das características de caçador, nossos antepassados parecem ter percebido que a obtenção de alimento ficaria mais fácil se fosse realizada não mais individualmente, mas por um grupo que cooperasse entre si.

Inicia-se, então, uma forma de cooperação diferenciada. A caça motivou o começo de uma cooperação mais efetiva. Os mais hábeis deveriam sair para caçar, e, se a presa fosse grande, teriam de transportá-la e retalhar a carne, envolvendo vários elementos do grupo.

Geralmente a caça era exaustiva, pois exigia longos trajetos. Era impossível realizá-la em grandes grupos, principalmente se neles existissem fêmeas — talvez algumas grávidas — e filhotes de colo ou pequenos. Diante disso, a atividade passou a ser realizada pelos machos, provavelmente em pequenos grupos. Assim, os machos realizavam a caça, e as fêmeas, além de cuidarem dos filhos, tornaram-se também responsáveis pela coleta de raízes, folhas e frutos; os hominídeos tornaram-se seres coletores e caçadores de alimento.

Apesar de nômades, isto é, não terem local fixo de moradia, durante as viagens costumavam acampar em lugares que os protegessem das intempéries e dos ataques de outros animais, e em cujas proximidades encontrassem água e alimento. Quando os machos se ausentavam, as fêmeas, os filhotes e todo aquele que não participasse da caça esperavam no acampamento. Além de significar mais proteção e segurança, essa estratégia dava-lhes a certeza de que na volta encontrariam os outros integrantes do grupo.

O macho, juntamente com a fêmea, tornou-se responsável pela sobrevivência, alimentação e educação dos filhos.

Nossos ancestrais talvez tivessem se alimentado da carne dos animais que encontravam já mortos, vitimados por doenças, velhice ou pelo ataque de outros animais. No início, a carniça, cadáver de animal em decomposição, era encontrada durante a peregrinação em busca de alimento. Muito provavelmente, logo associaram a existência da carniça à presença de alguns animais que dela se alimentam. Os corvos e outros abutres, ao localizarem algum animal morto, ficam sobrevoando a área antes de comê-lo. Esse deve ter sido um sinal que logo os nossos ancestrais aprenderam a decifrar.

Assim, povos coletores-caçadores nômades são encontrados até hoje em algumas culturas, como os da tribo Hadza, que vive no sul da África. Esse grupo atualmente é composto por cerca de 1.300 indivíduos, dos quais entre 300 e 400 ainda vivem como coletores-caçadores, seguindo os costumes dos seus antepassados. No Brasil, a densa floresta Amazônica abriga a tribo Awá, nômade e coletora-caçadora, composta por cerca de 450 membros.

Integrantes da tribo Hadza complementando a alimentação do grupo por meio da caça.

Em alguns pontos, o modo de vida desses grupos, baseado na caça e na coleta, pode lembrar — mas apenas lembrar — como viviam os nossos ancestrais e oferecer alguns subsídios para a tentativa de reconstrução da nossa Pré-história.

Apesar de conferir certo prestígio aos caçadores, a caça representava somente 30% da alimentação, pois a maior parte provinha da coleta realizada pela fêmea. Pela primeira vez entre os animais, inicia-se uma nova forma de coleta de alimento: a fêmea provendo o grupo de vegetais, e o macho, de carne. Como alguns só coletavam e outros só caçavam, os papéis sociais começaram a se diferenciar nitidamente.

Apesar de a coleta realizada pelas fêmeas corresponder a mais de 60% da alimentação do grupo — provendo a maior parte da alimentação da família —, a caça, atividade realizada pelos machos, é mais valorizada, concedendo àqueles que a praticam poder sobre o grupo: a carne repartida entre seus integrantes, além de ser alimento muito apreciado, tornou-se também uma forma de integração social e de prestígio.

Família Kung San, de uma sociedade coletora-caçadora atual, na entrada da caverna onde mora (Deserto do Kalahari, Botsuana, África).

Se entre nossos antepassados remotos havia cooperação na caça, é natural que procurassem se comunicar por sinais, sons, olhares e gestos. Essas formas de comunicação também eram importantes quando o grupo se sentia ameaçado por outros animais ou por fenômenos naturais, como tempestades, terremotos, entre outros.

De modo geral, os animais emitem sons e sinais que transmitem mensagens de agressividade, ternura, medo etc. Não era diferente com os hominídeos. À medida que o sistema de cooperação foi se ampliando, as formas mais primitivas de comunicação (guinchos, urros e sussurros) foram progressivamente sendo substituídas por sons articulados que simbolizavam objetos e situações, originando as primeiras formas de fala, fator importantíssimo na evolução social dos hominídeos.

Além dessas mudanças comportamentais, ocorreram modificações físicas importantes no seu corpo.

O CORPO TORNA-SE ERETO

Corpo ereto refere-se à locomoção feita somente à custa dos membros posteriores, reestruturados no par de pernas que possuímos, e não à maneira de andar dos macacos, que apoiam as mãos no chão para locomover-se. A nova postura exigiu modificações não só nas pernas, mas também nos quadris e nos pés.

Em 1978, a arqueóloga Mary Leakey encontrou pegadas de hominídeos junto ao vulcão Dadinan, na África do Sul, que há milhões de anos entrou em erupção e expeliu suas cinzas. Estas devem ter sido molhadas pelas chuvas, formando lama; desse modo, os animais que passassem ou os objetos que ali caíssem poderiam deixar marcas. Além de folhas e de pegadas de vários animais, ficaram gravados na lama os passos de três hominídeos de estaturas diferentes que viviam naquela época e caminhavam sobre os dois pés.

Quais as vantagens desse tipo de locomoção?

Foto das pegadas de hominídeos encontradas pela arqueóloga Mary Leakey, preservadas há cerca de 3,6 milhões de anos em depósitos de cinza vulcânica.

Para obter a resposta basta pensar no que você faz com as mãos. Rapidamente perceberá a importância de tê-las livres.

Uma das teorias que explicam a postura ereta não está associada à locomoção, mas à sobrevivência. Liberadas para outras atividades, as mãos facilitariam muito a vida dos hominídeos e aumentariam as chances de eles sobreviverem. Com as mãos livres, poderiam carregar o filho no colo, coletar folhas, frutos e raízes para a alimentação, usar instrumentos, caçar, comunicar-se por gestos ou mesmo observar melhor suas presas e os predadores que os ameaçassem. Isso aconteceu antes que seu cérebro começasse a crescer, pois essa postura já estava presente no nosso mais antigo ancestral.

O CÉREBRO SE DESENVOLVE

A cooperação e a melhoria na comunicação foram importantes para o hominídeo aprimorar a capacidade de caçar. Havia, porém, muitas dificuldades para realizar essa tarefa com sucesso. Ele não tinha dentes adaptados para rasgar e cortar em pedaços a carne, como o leão, o lobo e outros carnívoros. A fabricação dos primeiros artefatos (armas e utensílios) pelo *Homo habilis* facilitou não só a captura como também o aproveitamento da presa: permitiu-lhe retalhar a carne, reduzindo-a a pedaços menores, fáceis de comer. Com isso o hominídeo passou a ter acesso mais fácil a esse tipo de alimento.

A carne é uma fonte importante de proteína animal, matéria-prima valiosa para a formação de novas células, favorecendo o aumento progressivo do cérebro e, consequentemente, da inteligência.

Esse processo possibilitou aos hominídeos criar armas e artefatos cada vez melhores, que aumentaram a força de seu braço e compensaram a falta de presas e a pouca capacidade de locomover-se em velocidade.

O domínio do fogo também contribuiu para ampliar as possibilidades de sobrevivência dos nossos antepassados. Ele não só permitiu que grupos de hominídeos partissem das regiões ensolaradas da África e conseguissem viver em partes frias da Terra, como também ampliou os tipos de vegetais que serviam de alimento, pois as partes duras puderam ser cozidas e tornaram-se comestíveis. Além disso, com o fogo, as carnes podiam ser defumadas e conservadas por mais tempo.

Da esquerda para a direita, imagens de crânios a partir dos mais antigos: *Adapis* (animal semelhante ao lêmure); *Proconsul*; *Australopitecus africanus*; *Homo habilis*; *Homo erectus* e *Homo sapiens*. Por meio dos fósseis sabemos que progressivas modificações determinaram um aumento da estatura e também do volume do cérebro. Este quase triplicou, passando de 500 para 1.400 centímetros cúbicos no ser humano atual.

DIMINUEM OS PELOS DO CORPO

O sistema piloso humano é rudimentar quando comparado ao dos outros primatas. Nos mamíferos em geral, o revestimento piloso constitui um isolante térmico necessário, tanto em ambientes quentes como frios. Mas, no ser humano, com a quase ausência de pelos, essa função térmica passou a ser desempenhada por uma camada de gordura subcutânea.

Nos macacos, os pelos, além de servir de isolante térmico, também representam um importante elemento na relação entre mãe e filho. O filhote passa a maior parte do tempo abraçado à mãe e agarrado aos seus pelos e é levado para onde ela for.

O ser humano praticamente não tem pelos. Como age a mãe para que não se rompa esse contato importante à estabilidade emocional do filho?

Entre os seres humanos, esse tipo de relacionamento mudou, não só pela falta de pilosidade, mas também pelo fato de o bebê humano nascer muito dependente dos cuidados maternos, como veremos mais adiante.

O filhote de chimpanzé agarra-se aos pelos da mãe para ser transportado com mais facilidade.

OS PAPÉIS SOCIAIS SE DIVERSIFICAM

Nas sociedades coletoras-caçadoras, a mulher ocupa posição de destaque, já que provê seu grupo da maior parte do alimento de que ele necessita.

Nessas sociedades, a mulher gera, em média, um filho a cada quatro anos e o amamenta até os 4 anos. Geralmente, durante o período de amamentação, não há formação das células reprodutoras femininas (óvulos), fato que impede a formação de um novo filho. Portanto, normalmente, somente após o desmame é que terá um novo filho. Isso é bom para ela, pois, tendo de se encarregar da coleta de alimentos — tarefa cansativa que em geral realiza com o filho pequeno às costas ou a seu lado —, a presença de mais uma criança tornaria extenuante a atividade, além do que o leite materno fabricado não seria suficiente para alimentar duas crianças.

O pesquisador Richard Leakey, em seu livro *O povo do lago*, cita que um antropólogo, em uma de suas visitas aos Yanomamis, nação indígena da América do Sul, encontrou uma índia matando o filho recém-nascido. Quando perguntou por que ela estava fazendo aquilo, chorando, ela lhe disse que, como já possuía um filho pequeno, este ficaria sem o leite necessário para viver caso tivesse de amamentar o novo filho. Desse modo, nas sociedades coletoras-caçadoras, por métodos semelhantes ao dos Yanomamis, a taxa de nascimentos permanece baixa, mantendo a população estável.

O modo de vida coletor-caçador perdurou até 10 mil anos atrás, quando, distribuídos em várias regiões do mundo, bandos nômades inventaram técnicas agrícolas e transformaram-se em agricultores, fixando moradia e iniciando o cultivo sistemático de vegetais. Essas mudanças foram decisivas na história da evolução humana.

Com a agricultura, ocorreu a fixação das moradias e a garantia de maior regularidade na obtenção de alimentos. Além disso, o ser humano começou a criar e a domesticar animais. Houve aumento da taxa de natalidade, o que contribuiu muito para a formação de vilas e de cidades. Todas essas modificações causaram uma grande mudança no papel da mulher.

No início da sociedade agrícola, a mulher continuava a ser respeitada do mesmo modo que na sociedade coletora-caçadora, pois afinal era ela quem plantava. Porém, quando surgiu o arado, que inicialmente era de pedra, o cultivo passou a ser responsabilidade dos homens, pois exigia força física para manipulá-lo. Isso interferiu na posição que a mulher ocupava na sociedade: de uma posição de destaque passou a ser subjugada e inferiorizada. Deixando de ser requisitada para o plantio, ela pôde ter filhos em menor espaço de tempo — o que poderia representar mão de obra futura para a lavoura.

A agricultura surgiu em vários pontos da Terra, difundindo-se rapidamente e modificando a estrutura da sociedade humana. O caçador cede espaço ao agricultor. A partir do aparecimento das cidades, diversificaram-se ainda mais os papéis sociais, pois, além dos agricultores e dos caçadores, surgiram os artesãos, os comerciantes, os guerreiros para protegê-los e os sacerdotes para aplacar a ira dos deuses.

3. A afetividade e as relações humanas

A INFÂNCIA PROLONGADA E A FORMAÇÃO DE CASAIS

Para que modificações sejam implantadas no organismo ou no comportamento de um animal, é importante que elas aumentem as chances de sobrevivência. A partir de cada modificação, podemos refletir sobre as vantagens que permitiram que ela se perpetuasse. Um exemplo é a formação de casais. Quais as vantagens e a importância desse fato?

Na natureza os casais são raros. Embora durante o período de criação dos filhotes 90% das aves formem casais, entre os mamíferos somente 3% mantêm relacionamento estável e longo, como ocorre, por exemplo, com algumas espécies de morcegos e focas, e com o castor e o lobo-guará sul-americano. Há mamíferos que formam verdadeiros haréns, em que um macho vive com várias fêmeas, como os gorilas; outros, como os chimpanzés, não formam haréns, mas têm relações sexuais com várias fêmeas do grupo.

Não é provável que os primeiros hominídeos formassem haréns, pois seria muito difícil o macho proteger várias fêmeas e ainda caçar para alimentá-las e também os filhos. Talvez se comportassem como a maioria das aves, que se acasalam durante o período de criação dos filhotes.

Os macacos reproduzem-se lentamente: têm em média um filhote a cada quatro anos. O mesmo deve ter ocorrido com os primeiros hominídeos. O ser

Os alces, na época da reprodução, vivem com várias fêmeas, formando haréns.

A arara-azul costuma viver com um único parceiro até a morte.

humano nasce menos desenvolvido que o chimpanzé. Somente aos seis meses depois de nascida, a criança atinge o desenvolvimento que o filhote de chimpanzé possui ao nascer. Se o bebê nascesse desenvolvido como o chimpanzé, sua cabeça não passaria através do canal vaginal e dos ossos da bacia da mulher. Mas nem sempre foi assim. Os hominídeos, que possuíam cérebro de 700 centímetros cúbicos na fase adulta, podiam desenvolver-se totalmente na barriga da mãe e nascer tão desenvolvidos quanto os filhotes de seus ancestrais, os macacos.

Com o tempo, a infância do hominídeos passou a ser mais longa, ao contrário dos macacos, cuja infância é curta. Isso exigiu atenção e cuidados constantes dos pais por um período de tempo maior, a fim de proteger seus filhos não só do ataque de outros animais como também das adversidades ambientais. Todos esses cuidados exigiam que os relacionamentos fossem mais estáveis.

A coleta de alimentos, como já vimos, era realizada pela mãe, atividade que se tornava bastante difícil, pois ela precisava carregar no colo o filho ainda pequeno. Imaginem a dificuldade da fêmea, tendo de carregar seu filho e ao mesmo tempo catar brotos de folhas, frutos; cavar a terra para retirar raízes e ainda transportar o alimento. Nesse sentido, a ajuda do macho era muito importante para criar o filho; daí a formação de casais ser vantajosa para ambas as partes.

Como consequência desse novo modo de vida, em que havia divisão de trabalho e diferenciação dos papéis sociais, começaram a ocorrer atividades compartilhadas entre os casais. O hominídeo começou, assim, a procurar no seu par características físicas e psicológicas que lhe permitisse realizar, harmoniosamente, atividades em conjunto. Isso determinou que a afetividade passasse a ter um papel importante nesses relacionamentos. Talvez esse padrão possa ter sido predominante no início da formação da família, porém não podemos afirmar se realmente foi assim que tudo ocorreu.

Acredita-se que a infância prolongada do ser humano, período em que a criança necessita de atenção constante dos pais, aumentou o vínculo entre eles e contribuiu diretamente para que a formação de casais se perpetuasse. Porém, as relações de afetividade muito fortes entre mãe e filho podem ser consideradas fatores indiretos para a criação dos laços afetivos duradouros entre os pares: os cuidados recebidos pela criança na infância dão-lhe uma sensação tão agradável de estabilidade e segurança que é natural, após essa fase, que ela tenha necessidade de criar outros laços afetivos que substituam a afetividade recebida de seus pais.

Dessa maneira, progressivamente, as relações sexuais foram se humanizando e contribuindo para o desenvolvimento da afetividade.

Mulheres bosquímanas pertencentes a uma sociedade coletora-caçadora atual (Vila Makuri, Namíbia, África).

A formação de casais foi um passo importante para a evolução da vida humana. A afetividade e o trabalho compartilhados auxiliaram positivamente para perpetuar esse modo de vida. Era muito importante que esse relacionamento se mantivesse (pelo menos no período de criação dos filhos), e quaisquer modificações que melhorassem ainda mais os laços de união do casal seriam provavelmente mantidas, tal como ocorreu com o desaparecimento do cio.

DESAPARECE O PERÍODO DO CIO

Nos animais, com exceção dos humanos, os atos sexuais ocorrem somente em determinada época do ano. É o período do cio. Nesse período, a fêmea aceita o macho para ter relações sexuais, pois é somente nessa ocasião que ela se sente sexualmente excitada ou receptiva, devido à mudança no seu sistema hormonal. É o momento em que ocorrem modificações no corpo dos animais, estimulando o encontro entre macho e fêmea, resultando no acasalamento.

Em alguns animais, a fêmea fica sexualmente ativa durante uma semana. Geralmente, quando se encontra excitada, ela se aproxima do macho, virando-lhe o traseiro, para que os genitais se tornem visíveis. Neste período, a vagina secreta uma substância cujo odor funciona como estimulante sexual para o macho. Esses sinais visuais e olfativos indicam que a fêmea está no cio e servem como um estímulo que desperta o interesse para o acasalamento.

Nos hominídeos desaparece o período do cio, que limita as relações sexuais a apenas algumas ocasiões específicas do ano, podendo essas relações acontecerem em qualquer época e a qualquer momento. A fêmea, mesmo durante a gravidez e a amamentação, excita-se quando estimulada sexualmente. O macho tem agora uma companheira sempre receptiva para as relações sexuais. Em decorrência dessas modificações, algo maior aconteceu para o casal: o sexo desvinculou-se da gravidez. Deixou de ser um ato realizado unicamente para a reprodução, ou seja, para gerar um novo ser, tornando-se também um ato de realização afetiva e de prazer.

É comum as pessoas indagarem, muitas vezes por questões religiosas, se é certo fazer sexo pensando apenas no prazer. O fato de as relações sexuais ocorrerem sem se estar preso a determinados períodos torna muito mais agradável o relacionamento do casal. É uma forma positiva de união, encontro e manutenção do relacionamento. Além disso, a perda do período do cio não implicou somente na mudança da relação entre macho e fêmea, mas também nas relações entre mãe e filho.

MODIFICAÇÕES NAS RELAÇÕES FAMILIARES

Entre os mamíferos, exceto os humanos, a fêmea se liga ao macho na época do cio, e depois se preocupa com a criação dos filhotes. No período de gravidez e enquanto toma conta da cria, o cio é interrompido, não havendo, portanto, relação sexual.

Já entre os humanos, não há períodos de interrupção das relações sexuais. A mulher se divide entre o sentimento maternal, nos cuidados com o filho, e o desejo sexual, nas relações com seu parceiro. Desse modo, inicia-se uma relação que não existe entre os outros animais. Forma-se um triângulo entre o macho, a fêmea e o filho, que pode originar competição e desenvolver tensões emocionais. No caso do filho, por exemplo, ao iniciar sua vida sexual, podem surgir conflitos decorrentes da forte ligação com a mãe. A imagem da mulher como mãe se opõe à imagem da mulher como parceira sexual.

A mulher é requisitada ao mesmo tempo como mãe e companheira, resultando em uma competição inconsciente entre pai e filho.

Há uma tendência generalizada que leva a pensar que, exceto o ser humano, todos os outros animais têm relações sexuais com parentes próximos, por exemplo, entre mãe e filho ou entre irmãos. Mas essa suposição pode ser contestada, já que muitos animais apresentam mecanismos variados que evitam as relações entre mãe e filho ou entre outros parentes próximos. Em várias espécies de primatas, os jovens adultos não têm relações sexuais com a mãe; o motivo parece ser a existência de uma barreira hierárquica, ou seja, a posição de cada indivíduo em uma sociedade, o que impediria tais relações. Além disso, há mecanismos naturais que impedem as relações sexuais entre parentes.

Os jovens machos, ao atingirem a maturidade sexual, abandonam o território materno ou são expulsos do grupo social pelos adultos dominantes e agressivos. Marginalizados, procuram fêmeas de outro grupo social, como acontece com os babuínos, entre os primatas, e com os leões e os tigres. Do mesmo modo, as fêmeas de um grupo, no momento do cio, tomam a iniciativa de excitar os machos marginalizados do outro bando, diminuindo assim a probabilidade de serem fecundadas pelo macho dominante do seu próprio grupo.

Os chimpanzés possuem infância prolongada e durante esse período têm uma vivência comum com o sexo oposto. As fêmeas, ao tornarem-se sexualmente ativas, abandonam o grupo à procura de machos de outros bandos, impedindo as relações sexuais entre irmãos, mães e pais. Assim, nos bandos de chimpanzés, as fêmeas se originam de vários grupos diferentes. Já os machos, como não migram, apresentam grande relação de parentesco entre si. Esses fatos talvez expliquem a organização social tranquila desses animais. Entre os babuínos, são os machos que migram, por isso são sempre vistos como rivais e competidores, o que resulta num grupo agressivo.

É provável que nossos ancestrais, quando eram coletores-caçadores, tivessem organização semelhante à dos chimpanzés, ou seja, nos grupamentos sociais os machos eram parentes e as mulheres mudavam de grupo. Nos povos coletores-caçadores, ainda existentes, é possível observar esse comportamento.

A partir do que foi apresentado, conclui-se que, particularmente entre os primatas, há recursos biológicos naturais que evitam a relação sexual entre parentes. Como as relações sexuais se dão geralmente entre membros de famílias diferentes, isso faz com que elas passem a se relacionar, criando parentesco.

4. A sexualidade humana

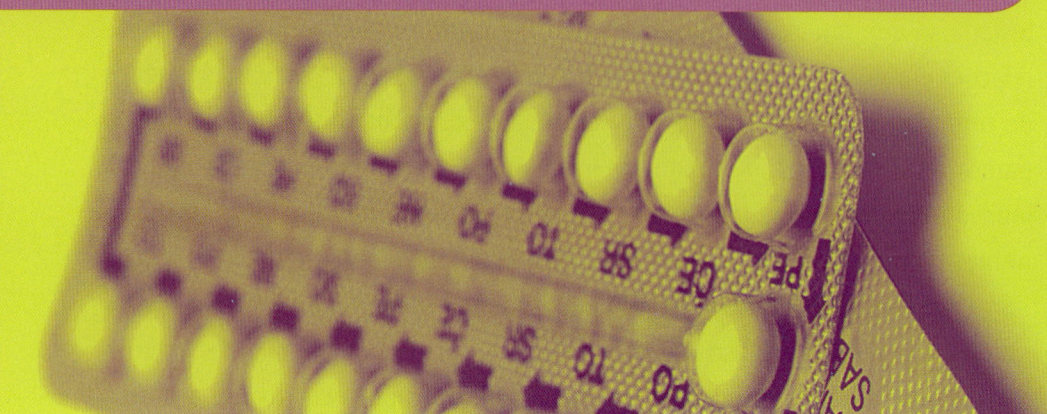

O SEXO E ALGUMAS CARACTERÍSTICAS HUMANAS

Sexualidade é o conjunto de fenômenos da vida sexual; é o modo como cada ser vivo, em particular, se comporta nesse universo. A atividade sexual é um instinto natural por meio do qual as diferentes espécies mantêm-se vivas; está presente em toda a escala zoológica, tendo-se aperfeiçoado ao longo do tempo por processos refinados que facilitaram o encontro dos animais, tais como a demarcação de territórios e os ritos nupciais.

Com o ser humano não foi diferente em relação a sua necessidade de desempenhar suas atividades sexuais. Porém, diferentemente dos outros animais, ele constrói seu próprio padrão de comportamento segundo as condições do meio e da época em que vive. Isso leva a uma ampla diversidade de costumes. Algumas características do comportamento sexual são comuns aos seres humanos, independentemente da cultura a que pertençam. Instintivamente, tendemos a nos abraçar, acariciar e beijar antes das relações sexuais; o beijo relaciona-se ao amor e é encontrado em quase todas as culturas.

Em geral, pelo cheiro da urina ou das glândulas odoríferas, os machos demarcam seu território, expulsam os intrusos e mantêm a fêmea ou várias fêmeas sob sua guarda. Na foto, um cão marca seu território.

Antes do acasalamento, os animais realizam seus ritos nupciais, que podem ser caracterizados por danças, cantos e movimentos sincronizados dos corpos. Entre as aves, esses ritos são muito bonitos e variados, como mostra a foto de um casal de pavões.

A REGRA BÁSICA DA MORAL SEXUAL

O ser humano nasce e morre como um ser sexuado, ou seja, dotado de sexualidade, que sofre variações conforme as fases da vida. O sexo, em si, não deve ser considerado bom ou mau. É a nossa conduta que vai transformá-lo numa coisa ou noutra. A regra básica da moral sexual é que seja realizado com conhecimento, responsabilidade e respeito pelo outro.

Segundo o Ministério da Saúde, o número de adolescentes grávidas caiu na última década, no Brasil.

No Brasil, a gravidez prematura caiu de 20,9%, em 2000, para 17,7%, em 2011, mas o ideal seria manter a taxa abaixo de 10%. Porém, apesar desses dados, a cada 19 minutos uma menina de 10 a 14 anos dá à luz um filho. Do total das adolescentes que engravidam, 60% são abandonadas pelos parceiros durante a gestação.

No estado de São Paulo, a redução do índice de gravidez na faixa etária de 15 a 19 anos foi a mais significativa.

"O aumento das ações dentro das escolas, a orientação sobre métodos contraceptivos, que impedem uma gestação indesejada, e a distribuição de camisinhas em postos de saúde têm contribuído para a queda do número de adolescentes grávidas no Brasil." (http://www.brasil.gov.br/saude/2012/04/campanhas-educativas-previnem-a-gravidez-precoce-no-pais. Acesso em: 4 dez. 2014).

Conhecer os métodos contraceptivos é muito importante, porém a decisão de qual deles usar deve ser feita sob orientação de um médico ginecologista.

Os métodos contraceptivos, ou anticoncepcionais, têm, basicamente, a função de evitar uma gravidez indesejada, ou a fecundação do óvulo nas relações sexuais. A camisinha, masculina e feminina, além de evitar a gravidez, também evita a contaminação por doenças sexualmente transmissíveis (DSTs), como aids, sífilis, gonorreia e outras. O conhecimento dos métodos anticoncepcionais, dos riscos de uma gravidez indesejada, da responsabilidade para com um filho gerado são assuntos que devem ser analisados, discutidos e refletidos entre os adolescentes.

Quais as modificações que ocorrem na vida de um casal de adolescentes quando acontece uma gravidez indesejada? E para você, quais as modificações que ocorreriam no seu plano de vida?

Nascimentos no Brasil, segundo a idade da mãe

15 a 19 anos

	Brasil	Norte	Nordeste
2001	20,9%	25,2%	21,6%
2006	19,7%	24,4%	22,4%
2011	17,7%	22,9%	20,1%

	Sudeste	Sul	Centro-Oeste
2001	19,1%	19,9%	22,8%
2006	16,9%	18,2%	20,3%
2011	15,1%	16,2%	17,8%

30 a 34 anos

	Brasil	Norte	Nordeste
2001	14,4%	9,6%	13,4%
2006	15,3%	10,7%	12,7%
2011	18,3%	13,3%	15,9%

	Sudeste	Sul	Centro-Oeste
2001	16,4%	16,8%	12,4%
2006	17,7%	17,4%	14,3%
2011	20,7%	19,9%	18,1%

Fonte: IBGE Nascimentos.

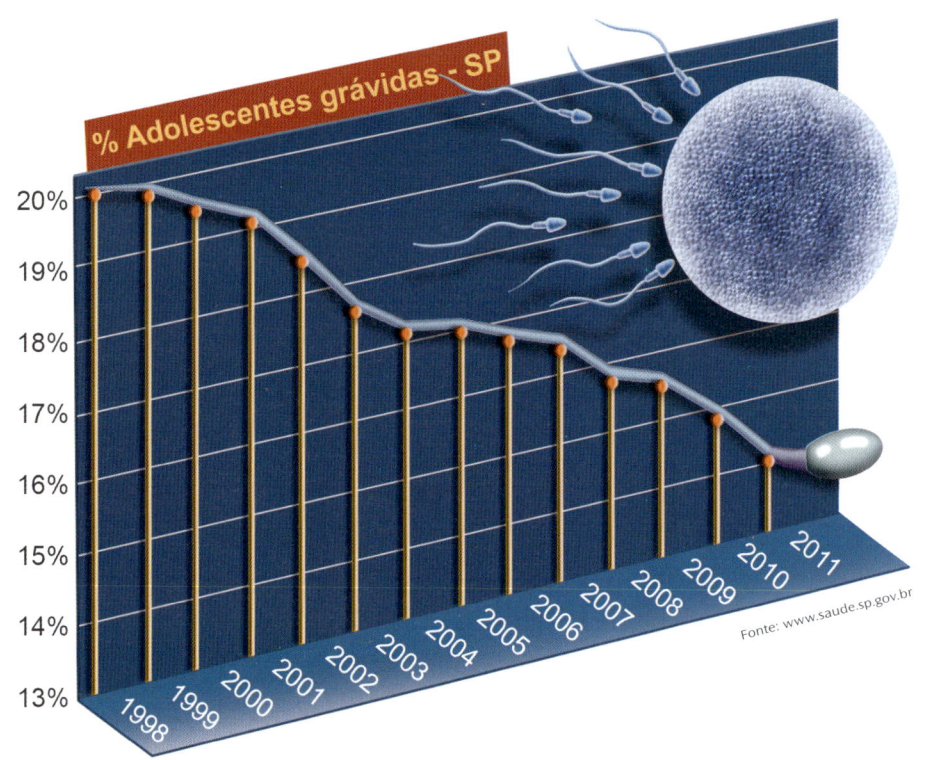

% Adolescentes grávidas - SP

Fonte: www.saude.sp.gov.br

ALGUNS TIPOS DE PRESERVATIVO

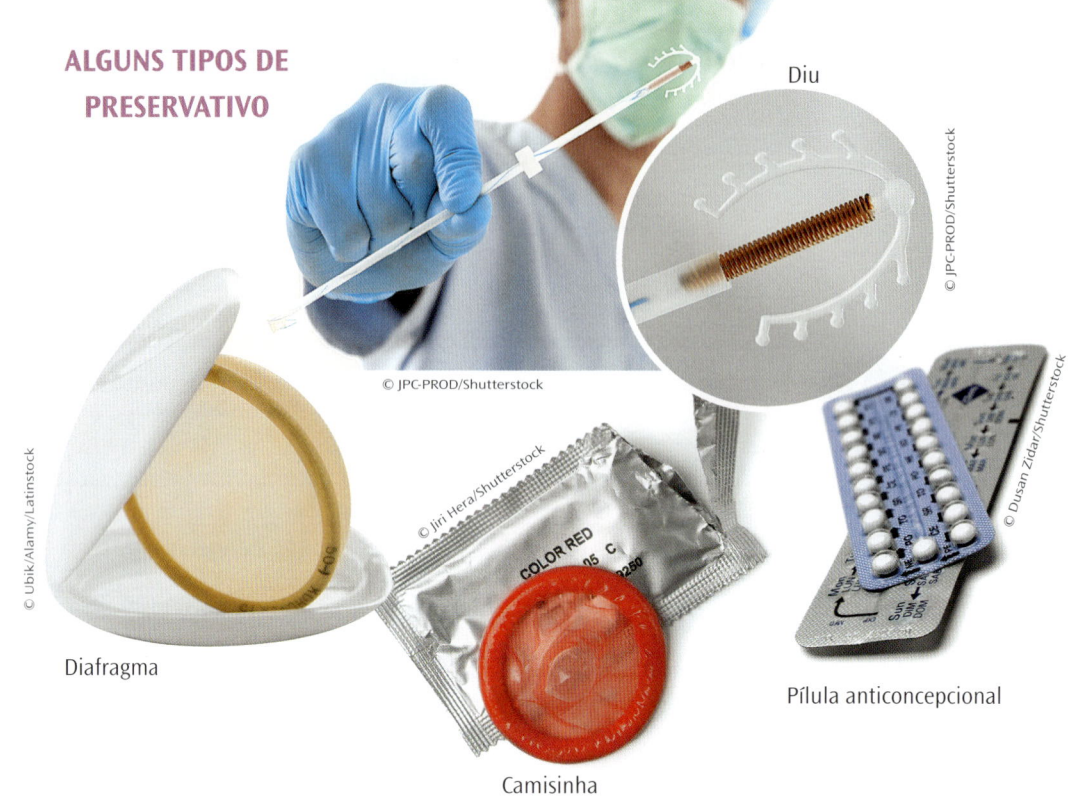

Diafragma

Diu

Camisinha

Pílula anticoncepcional

A MATURIDADE SEXUAL

Na puberdade — período em que os jovens passam por uma série de transformações para entrar na vida adulta — surgem os caracteres sexuais secundários que definem as diferenças físicas e comportamentais.

É natural que todas essas modificações despertem nos jovens insegurança e curiosidade; afinal, o corpo está se transformando e novos hormônios, substâncias fabricadas por glândulas, estão sendo fabricados e lançados na corrente sanguínea, atuando sobre órgãos e tecidos e modificando o comportamento e o modo de ver a vida.

No caso dos meninos, há modificação no timbre de voz. A laringe, como está em fase de desenvolvimento, produz sons, ora agudos ora graves, provocando certo constrangimento. Não se deve dar grande importância a isso, porque trata-se de fenômeno passageiro e de curta duração.

Alguns meninos apresentam também ligeiro aumento das glândulas mamárias, o que ocorre temporariamente em 70% deles. Embora não seja um acontecimento agradável, não deve ser motivo de preocupação, pois é comum e será solucionado naturalmente.

Outra característica dessa fase é o estirão, período de crescimento rápido, que determina aumento tanto da estatura quanto do peso. Nessa fase da vida, a velocidade de crescimento dobra de 5 para 10 centímetros ao ano. Como o pico de crescimento se dá aos 12 anos nas meninas e aos 14 nos meninos, prosseguindo mais vagarosamente daí por diante, as meninas são, em geral, mais altas que os meninos quando ambos têm 12 anos. Embora fiquem chateados por serem menores e menos desenvolvidos, dos 14 aos 16 anos eles irão ultrapassá-las em altura. Como a época em que se inicia o estirão varia de pessoa para pessoa, é comum jovens da mesma faixa etária apresentarem diferença no desenvolvimento corporal, o que pode levá-los a se sentirem deslocados no grupo a que pertencem.

Para viver com tranquilidade essa fase, é importante que o jovem saiba que o período de maturação sexual é extremamente variável, tanto em relação à época em que se inicia a puberdade quanto em relação à velocidade das transformações. Há jovens que aos 14 anos são sexualmente maduros do ponto de vista biológico, e outros encontram-se nas fases iniciais do processo. Ambos são absolutamente normais e devem entender que todos os problemas decorrentes do desenvolvimento físico são temporários e dizem respeito a todos os jovens. Portanto, nessa fase da vida o adolescente deve lembrar que esses problemas são passageiros e sem maior importância.

Nas meninas, o sinal da maturação sexual ocorre com a primeira menstruação, geralmente entre 11 e 13 anos, indicando que houve ovulação, ou seja, a eliminação do óvulo pelo ovário, que é o órgão responsável pela produção das células femininas. A menstruação ocorre mensalmente em mulheres que estão em idade fértil, com exceção dos períodos de gravidez e amamentação. O período que vai de uma menstruação a outra é chamado de ciclo menstrual. Daí por diante, aproximadamente no dia que equivale à metade do ciclo menstrual, um novo óvulo será liberado do ovário. Aos 50 anos de idade, mais ou menos, inicia-se a menopausa, quando se encerra o ciclo menstrual.

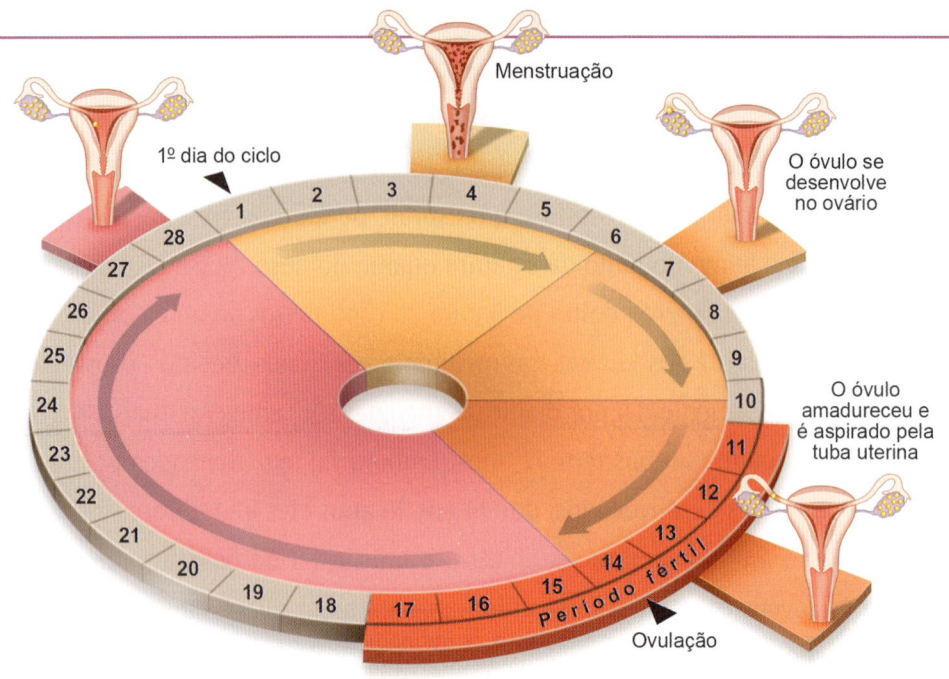

Considera-se o primeiro dia em que ocorre a menstruação o primeiro dia do ciclo menstrual. Este ciclo, geralmente, tem a duração de 28 dias, sendo que em torno do 14º dia ocorre a ovulação.

Para os meninos, as ejaculações noturnas inconscientes, cuja finalidade é diminuir a tensão do esperma retido, indicam a maturação das glândulas sexuais.

É comum os jovens manipularem seus órgãos genitais, o que os leva ao orgasmo. A masturbação traz alívio da tensão sexual e propicia-lhes o conhecimento do próprio corpo e da própria sexualidade. Médicos e psicólogos consideram-na um processo normal da maturação sexual humana. Atingida essa maturação, o indivíduo já estará pronto, biologicamente, para exercer plenamente sua sexualidade. Procurará um parceiro? Qual será sua escolha?

O SEXO COMEÇA A SE DEFINIR NA FECUNDAÇÃO

Em cada célula do ser humano há 46 cromossomos; destes, um par determinará o sexo: são os cromossomos sexuais. Na fêmea, esse par é formado por dois cromossomos iguais, XX; no macho, há um semelhante ao da fêmea (X) e outro diferente (Y), sendo, portanto, seu sexo genético XY.

Assim, no ser humano, o sexo é determinado pelos tipos de cromossomos sexuais existentes em suas células, pelo tipo de órgãos reprodutores (testículos ou ovários) e pelos genitais externos.

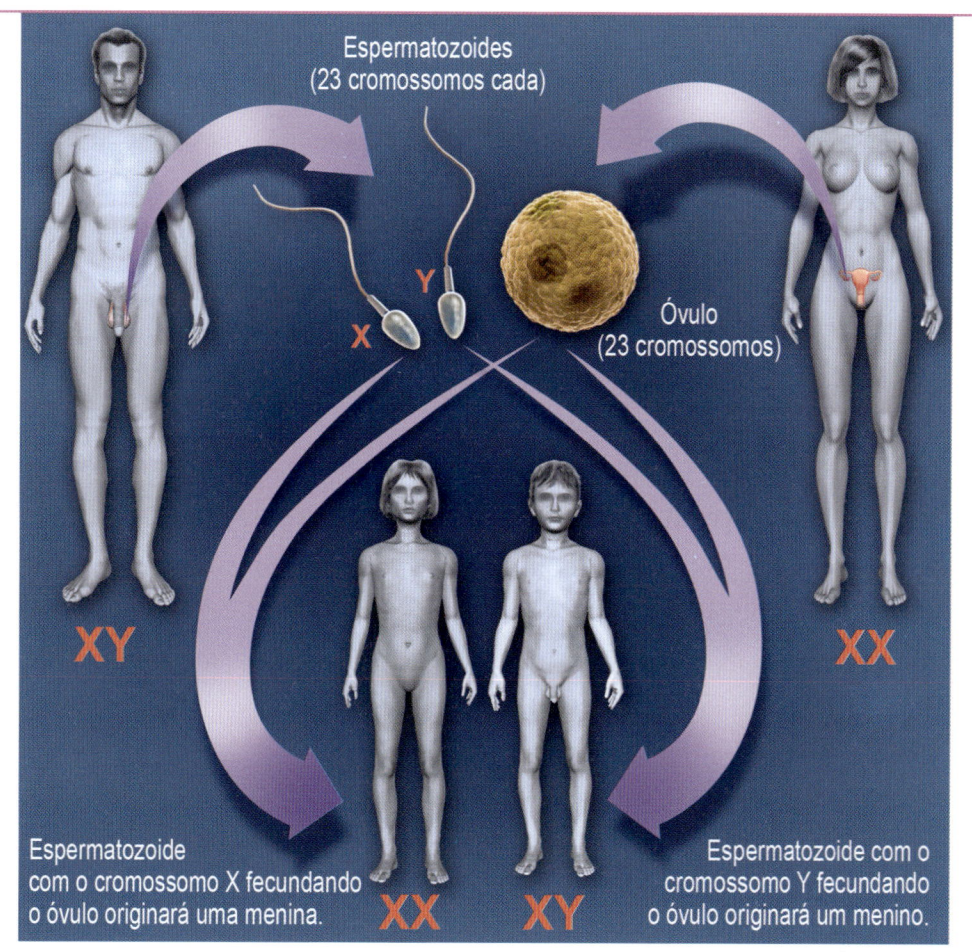

Espermatozoides (23 cromossomos cada)

Óvulo (23 cromossomos)

XY

XX

Espermatozoide com o cromossomo X fecundando o óvulo originará uma menina.

XX XY

Espermatozoide com o cromossomo Y fecundando o óvulo originará um menino.

Normalmente, o ser humano possui 46 cromossomos em suas células. Destes, um par é formado pelos cromossomos sexuais XX na mulher e XY no homem. Assim, todos os óvulos apresentam o cromossomo sexual X, enquanto os espermatozoides podem ter o cromossomo X ou o Y.

O desenvolvimento dos genitais externos da criança somente se dá após a sexta ou a sétima semana de desenvolvimento do embrião dentro do útero materno. A partir desse período, inicia-se a formação dos testículos ou dos ovários. Com os órgãos já definidos, entre o terceiro e o quarto mês de gestação, formam-se os genitais externos do feto.

Normalmente, se estiver presente um cromossomo Y, um estímulo químico determinará a formação dos testículos, e o embrião originará um macho. Se Y estiver ausente, o resultado será uma fêmea. No embrião do macho, o testículo já apresenta células capazes de fabricar hormônios masculinos, que influirão no futuro desenvolvimento dos órgãos genitais. Se houver esses hormônios, serão desenvolvidos genitais masculinos; do contrário, serão femininos. A presença dos hormônios sexuais produzidos pelos testículos (no embrião masculino) e pelos ovários (no feminino) é fundamental para o perfeito desenvolvimento dos genitais externos. Do mesmo modo como há casos de pessoas que nascem com defeitos nos braços, mãos, lábios ou em outras partes do corpo, assim também podem surgir casos em que os genitais externos não se formem perfeitamente, o que dificulta determinar com exatidão qual é seu verdadeiro sexo.

Nos distúrbios do desenvolvimento sexual, o sexo cromossômico ou genético não é o indicador final do sexo que deve ser atribuído a uma pessoa. Fatores muito importantes como as características externas (parece-se mais com homem ou com mulher?) devem ser analisados. Deve-se também ter em conta o sexo de criação. Se o sexo genético for XY, portanto macho, mas o indivíduo nascer com genitais externos mais parecidos com os da fêmea e for criado como mulher, nesses casos, para que sua identidade sexual seja respeitada, é importante considerar o sexo com o qual ele mais se identifica.

É por esse motivo que o diagnóstico médico deve ser feito o mais cedo possível, não só para evitar complicações fisiológicas, como também problemas psicológicos decorrentes da mudança de sexo. No caso dos genitais externos não definirem perfeitamente o sexo, o registro da criança em cartório deve ser providenciado somente após a determinação do sexo, obtida mediante análise médica competente.

Nosso comportamento e nossa identidade sexual são determinados biológica e culturalmente. Há no nosso cérebro um centro regulador e coordenador das emoções, denominado hipotálamo. Suas células são muito sensíveis aos hormônios sexuais, e dependendo da ação desses hormônios o comportamento será masculino ou feminino.

Além disso, à medida que crescemos, recebemos das pessoas com as quais convivemos (parentes, amigos e outras) modelos que servirão para definir nossa identidade sexual.

Os pais e a sociedade não tratam os meninos e as meninas da mesma maneira. A partir do registro, cada um terá o tratamento definido para o sexo no qual foi registrado, o que certamente influirá na sua formação. Portanto, o desenvolvimento completo de sua consciência masculina ou feminina se dará também em função de sua convivência com a família e a sociedade, assim como da percepção que terá do próprio corpo. A sexualidade começa a se definir na fecundação, mas não pode ser dissociada do ponto de vista social e psicológico.

Na espécie humana, as diferenças entre os sexos não se restringem só aos órgãos sexuais, mas estendem-se também a outras partes do corpo. Como essas diferenças não são apenas morfológicas, mas também fisiológicas, acabam determinando o comportamento masculino e feminino.

DESENVOLVIMENTO DE UMA CONSCIÊNCIA SEXUAL

Como já vimos, o desenvolvimento de uma consciência sexual masculina ou feminina tem origem não só na percepção do próprio corpo, mas também nas influências recebidas do meio em que se vive. Desse modo, independentemente do sexo biológico, pode-se ter uma consciência só masculina ou só feminina, ou às vezes ambas. Portanto, num corpo masculino pode existir uma consciência feminina, ou vice-versa, já que sexualidade não se prende somente aos órgãos genitais externos e internos.

Sempre que o envolvimento emocional pressupõe relações sexuais ou mesmo atração sexual pelo mesmo sexo, chamamos essa conduta de homossexual. Quando ocorre com o sexo oposto, a conduta é heterossexual. As pessoas podem ter uma dessas condutas como norma durante toda a vida; nesse caso, dizemos que são, respectivamente, homossexuais ou heterossexuais.

Outros, porém, não se enquadram totalmente em uma dessas categorias; são predominantemente heterossexuais, mas podem manifestar comportamento homossexual. Do mesmo modo, há pessoas que são predominantemente homossexuais, mas que em algum momento podem apresentar comportamento heterossexual. Em ambas as situações, estamos diante de um comportamento bissexual.

A orientação afetivo-sexual se forma na primeira infância e estará definida até 4 ou 5 anos, porém somente na adolescência é que se adquire a consciência dela.

Alfred Kinsey, pesquisador norte-americano, coordenou duas rigorosas pesquisas sobre sexualidade. Segundo esse pesquisador, as pessoas podem ir de um ponto a outro da escala, de acordo com as fases da vida, o momento psicológico ou as circunstâncias do meio em que vivem. Desse modo, podem ocorrer entre os meninos a brincadeira de troca-troca, assim como carícias entre as meninas. Nem por isso tornam-se homossexuais pelo resto da vida.

É comum as pessoas adotarem um comportamento homossexual quando impedidas de se relacionar com pessoas do sexo oposto. Isso ocorre geralmente em presídios ou internatos. Mas, se o indivíduo for realmente heterossexual, ao cessar o impedimento, ele passará a assumir novamente a conduta original.

Não é raro os animais utilizarem atrativos sexuais femininos diante de outro animal agressivo. Tal procedimento tem a finalidade de inibir o agressor. Entre os macacos, a fêmea atrai o companheiro levantando o dorso e mostrando o aparelho genital. Essa postura é usada por alguns machos com a finalidade de apaziguar outro macho dominante como forma de submissão. Entre os primatas, inibir a agressão, utilizando recursos sexuais ou infantis, constitui artifício importante e frequente para manter a harmonia do grupo. Esse recurso é usado também por muitos outros mamíferos.

Entre os humanos, as atividades sexuais são muito mais elaboradas. A afetividade passou a desempenhar papel importante nos relacionamentos, tanto na hora de "fazer amor" como no jogo da sedução.

5. O jogo da sedução

A LINGUAGEM DO AMOR

Embora as maneiras de iniciar o namoro sejam diferentes de casal para casal, a fase de conquista tem etapas comuns a todos eles. Por esse motivo presume-se que esses comportamentos tenham origem biológica, tendo sido incorporados ao nosso código genético pela seleção natural ao longo da evolução.

O namoro e o flerte são universais em muitas culturas humanas. Também os macacos costumam namorar olhando um para o outro por muito tempo.

Quando homem e mulher entram na fase do namoro, inicia-se um jogo de sedução em que as expressões faciais, o olhar, a entonação da voz, os movimentos do corpo e até as brincadeiras, que lembram as infantis, sinalizam ao outro o interesse sexual e afetivo.

Muitos animais apresentam movimentação especial: um gorila "apaixonado", ao ver uma fêmea, estica o corpo, anda de um lado para o outro, olhando-a pelo canto dos olhos. Homens e mulheres fazem algo muito parecido: passam diante de quem lhes interessa mostrando aparente indiferença, movimentando os braços, os quadris ou falando alto para serem percebidos.

Algumas pesquisas apresentam estudos sobre as fases da conquista para detectar se as reações humanas são universais ou variam de indivíduo para indivíduo ou de região para região. É muito conhecido o trabalho realizado pelo pesquisador Eibl-Eibesfeldt: com uma filmadora, que parecia registrar determinado local, quando na verdade captava imagens de pessoas que não sabiam que estavam sendo filmadas, conseguiu imagens espontâneas em várias regiões do mundo. Apesar da diversidade de pessoas filmadas, todas apresentaram, na fase de conquista, sinais comuns, expressões de interesse semelhantes, inclusive quanto à sequência em que ocorriam.

Independentemente de ser do Japão, da Europa ou da floresta Amazônica, quando a mulher está interessada por alguém, inicialmente sorri, ergue as sobrancelhas e abre bem os olhos; depois baixa as pálpebras, inclina a cabeça para o lado e desvia o olhar. Esse comportamento é igual em culturas tão diferentes porque é inato, presente no nosso DNA e desenvolvido ao longo da evolução da espécie humana. Assim algumas expressões faciais e corporais podem ser hereditárias, pois seguem padrões determinados pela carga genética, independentemente da cultura.

O olhar é importantíssimo como estímulo nas fases iniciais do namoro. No jogo da sedução, a maneira de olhar pode servir de estímulo ao companheiro para um relacionamento mais sério. Mas esse artifício parece não ser exclusividade humana: chimpanzés e babuínos costumam ficar se olhando, um nos olhos do outro, quando estão "namorando".

No namoro, o sorriso também tem características próprias. Enquanto nos contatos de amizade ou no flerte o sorriso é entreaberto, em que só se veem os dentes superiores, no namoro o sorriso se abre, mostrando as duas arcadas.

O tom de voz também indica o interesse de uma pessoa por outra. Quando queremos seduzir, usamos sempre uma voz mais macia e tranquila.

Nesse processo, a visão tem papel primordial para o sexo masculino, pois o tipo físico — a forma do corpo — constitui sinal sexual importante para ele. Ao contrário do que muitos pensam, o rosto talvez seja um dos sinais principais.

Estudos realizados nos Estados Unidos, tendo como ponto de observação os bares (onde normalmente os casais se conhecem e iniciam um romance), mos-

Muito do nosso comportamento tem origem genética comum. Assim, pessoas de etnias, culturas, lugares e posições sociais diferentes apresentam o mesmo semblante ou expressão facial diante de uma mesma situação: de alegria, de tristeza, de desconfiança, de flerte e muitas outras. Entre alguns animais também encontramos expressões que se assemelham às nossas.

tram que após o olhar e depois a conversa — que em geral se inicia com perguntas simples — ocorrem pequenos estímulos representados por braços e cabeças próximas até haver o primeiro contato físico, geralmente feito pela mulher: esta toca algum ponto socialmente permitido do corpo do companheiro que, se estiver interessado, aproximará seu corpo ou retribuirá o toque "casual". A essa altura, a senha já foi dada, porém, para que tudo isso aconteça, parece que, além dos estímulos visuais e tácteis, influem também os estímulos olfativos.

O OLFATO NA FUNÇÃO SEXUAL

Um cão treinado certamente encontrará uma pessoa no meio de centenas de outras, tendo por rastro somente o odor de uma peça de roupa. Isso acontece porque cada ser possui um cheiro característico próprio, como as feições e a mente.

Jean-Henri Fabre (1823-1915), naturalista francês, encontrou um casulo e o levou para casa; deixou-o numa gaiola e dele saiu uma mariposa. Na tarde do dia em que a mariposa nasceu, quarenta machos aproximaram-se da gaiola — e nos dias seguintes, também. Fabre concluiu que o animal teria secretado alguma substância cujo odor fora percebido a distância pelos machos.

As substâncias que um animal excreta e que provocam resposta específica e espontânea em outro são chamadas feromônios. Podem ser usadas para demarcar território, repelir outros animais ou mesmo para seduzir e desencadear atividades sexuais. Esses odores não são iguais nos dois sexos.

É comum cães cheirarem as cadelas para ver se elas estão no cio. Quem tem cães já deve ter percebido que pelo odor eles identificam os machos e as fêmeas. De modo geral, essas substâncias (feromônios) funcionam em muitas espécies. Nos macacos também há odores que funcionam como estímulos atrativos.

Alguns cães são treinados para farejar à procura de coisas específicas, como drogas.

Quando a fêmea está preparada para o acasalamento, levanta seu abdômen e bate as asas para que o vento carregue o perfume das glândulas de almíscar ali situadas, atraindo e estimulando os machos de sua espécie. Por meio das antenas, os machos conseguem perceber as substâncias odoríferas (feromônios) liberados pela fêmea. Os feromônios permitem que o macho localize a fêmea e o estimulam para a cópula.

Será que nos humanos existem tais substâncias? Se existem, continuam a ter essa função? Será que, quando nos envolvemos afetiva e emocionalmente com alguém que não é nosso tipo físico ideal, pode ter ocorrido alguma percepção em nível olfativo que seja responsável por esse envolvimento? O ser humano distanciou-se bastante da esfera sensitivo-olfativa, colocando-a num plano secundário. Até que ponto, instintivamente, o cheiro do corpo do companheiro funciona como estímulo sexual sem que o ser humano se dê conta disso? Será que há esse "perfume de sedução sexual"?

Na secreção vaginal das fêmeas dos macacos há cinco ácidos voláteis (copulinas) com odores sexualmente atrativos e que assinalam a condição receptiva e reprodutiva da fêmea, que, como já sabemos, se dá no período do cio. Na mulher, a vagina secreta as mesmas substâncias. Será que elas perderam essa função atrativa? Ou será que o estímulo existe, mas não é captado pela nossa consciência?

Alguns afirmam que nos humanos houve uma perda da função olfativa, impedindo-o de sentir esses odores. Há experiências, porém, demonstrando que as copulinas vaginais parecem servir de estímulo sexual também nos seres humanos.

As mulheres percebem melhor determinados odores. Na urina do porco-montês, uma substância semelhante ao almíscar induz a fêmea a copular com o macho. Na urina humana, há uma substância semelhante.

Experiências demonstraram que as mulheres têm grande sensibilidade para perceber a presença de um preparado almiscarado denominado exatolide, cuja fórmula se assemelha bastante à das secreções do suor do homem. Constatou-se que a sensibilidade olfativa das mulheres a esse odor é cem vezes maior que a dos homens, que não o sentem ou o percebem com dificuldade.

Essa capacidade da mulher sentir o cheiro da exatolide varia segundo o período do ciclo menstrual. O ponto máximo da sensibilidade se dá na ovulação, isto é, no momento em que poderia ocorrer a fecundação. Isso nos leva a pensar que existe um feromônio almiscarado envolvido nas atividades sexuais humanas.

Muitas experiências foram realizadas para determinar se a criança percebe o cheiro do corpo da mãe. Junto a crianças de 2 a 7 dias foram deixadas compressas que tinham estado ou não em contato com o seio da mãe: 85% dos bebês passaram a maior parte do tempo com a cabecinha virada para a compressa que tinha estado junto ao seio da mãe. Esse fato nos faz acreditar que existe uma relação olfativa entre a criança e os feromônios maternos.

Um estudo feito por McClintock, uma pesquisadora inglesa, parece demonstrar que também entre os adultos há essa percepção, embora em menor intensidade. Foram investigados os ciclos menstruais de 135 adolescentes que viviam num mesmo colégio feminino. Algumas dormiam em quartos individuais, outras, com uma colega. Observou-se que geralmente os ciclos menstruais das moças que ocupavam o mesmo quarto ocorriam na mesma época. Talvez o fato possa ser explicado pela percepção e pela indução, em nível olfativo, de uma essência feminina exalada por essas jovens. Se as mulheres são sensíveis a odores de outras mulheres, com certeza também devem sentir os odores masculinos.

Alguns animais possuem glândulas especiais que fabricam substâncias como o almíscar, normalmente presentes na urina, na saliva e no suor. No homem, o suor seria o veículo transportador dessas substâncias.

O ser humano não tem glândulas especiais, mas possui pequenas glândulas chamadas apócrinas, distribuídas por todo o corpo, que se ativam na puberdade. Porém, elas se concentram na região genital e nas axilas. A presença de maior quantidade de glândulas nessas regiões explica também por que aí os pelos foram mantidos: guardando o cheiro do suor serviriam de estimulante sexual. Se no suor houver substâncias que realmente funcionam como estimulantes sexuais, o hábito de nos depilarmos e usarmos desodorantes diminuiria nossos odores e, consequentemente, levaria a um resultado inverso ao esperado. Será que isso é verdade?

Comparativamente, as fêmeas têm muito mais glândulas desse tipo que os machos, o que equivale a dizer que o "cheirinho de corpo" delas é mais intenso.

De tudo o que se disse, não se pode deixar de aceitar a existência dos odores influenciando o organismo ou as relações humanas. Mas há quem goste e quem não goste deles.

Durante muito tempo, o ser humano foi visto de uma forma totalmente isolada dos outros seres vivos. A racionalidade foi altamente valorizada, e o lado instintivo, desconsiderado, como se de um momento para outro tivesse surgido um ser muito especial no qual vigorasse apenas a racionalidade.

A civilização criou uma série de artifícios — perfumes e outros produtos — que afastam mais ainda os seres humanos de sua condição animal. Isso deve diminuir sua sensibilidade intuitiva, sua percepção de sentir e ver plenamente o mundo.

Não podemos excluir a possibilidade dos fatores olfativos interferirem na sexualidade humana; do contrário, não só nos agrediremos inconscientemente, deixando de sentir e perceber muitas coisas, como também perderemos a sensibilidade olfativa para algo tão bom e tão belo como o amor.

6. Fazendo amor

O ORGASMO FEMININO

Todos os estímulos sexuais — olhares, beijos e carícias — constituem uma preparação para o ato sexual, que culmina com um momento máximo de prazer — o orgasmo.

Quando se comparam as fêmeas dos humanos com as fêmeas de outros mamíferos, verifica-se uma grande diferença de comportamento: as mulheres demonstram facilidade e habilidade para chegar ao orgasmo, fato raríssimo nas fêmeas de outros mamíferos. Do ponto de vista fisiológico, o orgasmo feminino é praticamente igual ao masculino. Existe uma grande variação na sua duração e intensidade. Ao seu término, ela se sente exausta como o homem.

Segue-se um período de relaxamento, que é importante para a espécie, pois a mulher, estando deitada, manterá por mais tempo o esperma no interior do seu corpo, o que amplia as chances de o óvulo ser fecundado. Estudos demonstram que as mulheres chegam mais facilmente ao orgasmo quando estão relaxadas, com parceiros atenciosos ou mais antigos e com os quais têm um relacionamento afetivo. Com os anticoncepcionais, diminuiu-se o risco de gravidez, e as relações sexuais puderam acontecer mais descontraidamente, aumentando o relaxamento e, consequentemente, facilitando o orgasmo feminino.

O orgasmo da mulher só trouxe benefícios, pois intensifica a cumplicidade e a intimidade do casal; é uma maneira de ela demonstrar satisfação com o prazer oferecido pelo parceiro. Foi mais uma modificação que auxiliou a consolidar a formação dos casais e, indiretamente, a sobrevivência dos filhos.

O ORGASMO MASCULINO

No macho, o orgasmo é facilmente identificado com a ejaculação, pois a eliminação do esperma de uma só vez é importante para que todos os espermatozoides nele imersos sejam expelidos, ampliando assim as chances de fertilização do óvulo. Os espermatozoides são as células reprodutoras masculinas. Eles são produzidos nos órgãos chamados testículos.

Para que se dê a ejaculação ocorrem fortes contrações da musculatura do pênis. Nesse momento, em média, 3,5 mililitros de esperma ou sêmen, contendo cerca de 200 a 400 milhões de espermatozoides, são eliminados. Geralmente, o número de espermatozoides varia de 35 a 200 milhões por mililitro de sêmen. Um número menor que 20 milhões por mililitro pode caracterizar a infertilidade.

Quando a ejaculação acontece, a uretra já foi convenientemente preparada para essa passagem. Como através da uretra passa não só esperma mas também urina, é importante saber como esse canal consegue eliminar os dois líquidos sem que eles se misturem.

No órgão reprodutor masculino encontra-se a próstata, uma glândula cuja função é fabricar parte do esperma. Ela envolve o início da uretra, deixando passar a urina quando necessário. Porém, quando os nervos sexualmente excitados dão sinal de que haverá eliminação do esperma, suas fibras musculares se contraem e comprimem a parte inicial da uretra, impedindo a passagem da urina.

Quando excitado sexualmente, o homem, antes de ejacular, elimina um líquido viscoso e claro através da uretra. A função desse líquido é prepará-la para a passagem do esperma, limpando-a de todos os vestígios de urina, além de lubrificar a glande (a região do pênis onde se encontra o orifício da uretra), facilitando a penetração do pênis numa relação sexual.

No homem, o máximo de frequência de orgasmo ocorre antes dos 20 anos, apesar de ele atingir a puberdade mais tardiamente que a mulher. A frequência

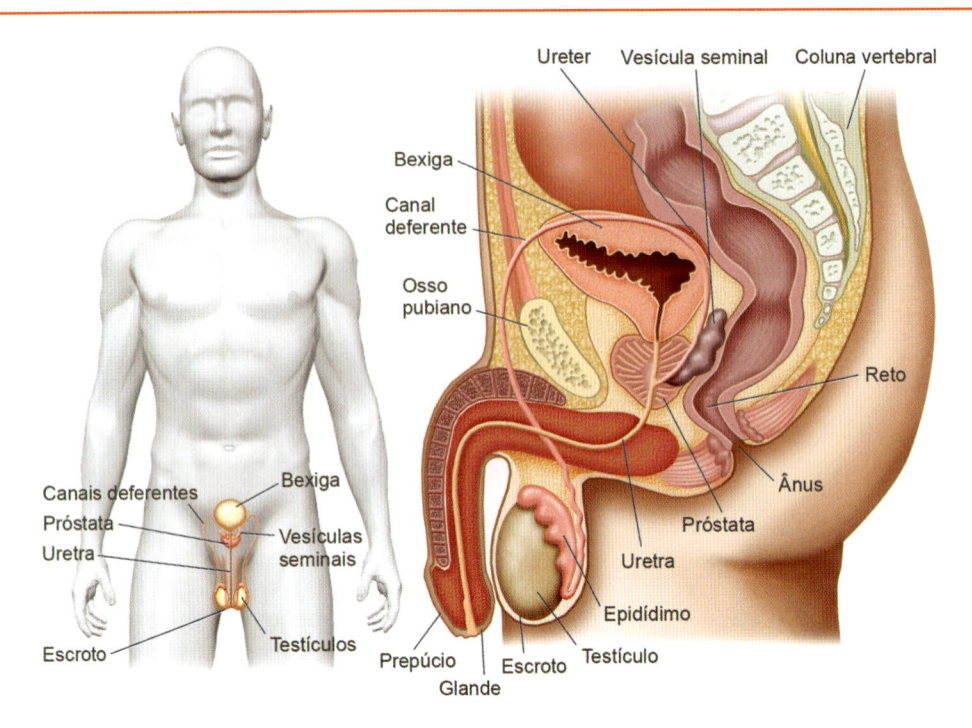

Sistema genital masculino.

se mantém razoavelmente alta dos 15 aos 30 anos, quando começa a declinar, mas 70% dos homens ainda são sexualmente ativos aos 70 anos. A mulher, apesar de amadurecer sexualmente antes, atinge o máximo de frequência do orgasmo somente por volta dos 30 anos, e também vai decrescendo com a idade.

Para que o macho ou a fêmea cheguem ao orgasmo, o seu organismo precisa passar por algumas modificações, como veremos a seguir.

O ATO SEXUAL

Durante a fase de excitação sexual, ocorrem várias mudanças no organismo: a pupila se dilata, os olhos brilham, aumenta a pressão arterial, intensificam-se os batimentos cardíacos. O sangue aflui em maior quantidade à superfície do corpo; alguns órgãos, recebendo mais sangue pelas artérias, avolumam-se — principalmente os órgãos sexuais. Os lóbulos das orelhas, os mamilos e as regiões do nariz, como têm grande quantidade de terminações nervosas, tornam-se mais sensíveis ao tato.

O pênis, totalmente relaxado e flácido antes da fase de excitação, com o aumento de volume de sangue torna-se progressivamente mais volumoso — o que

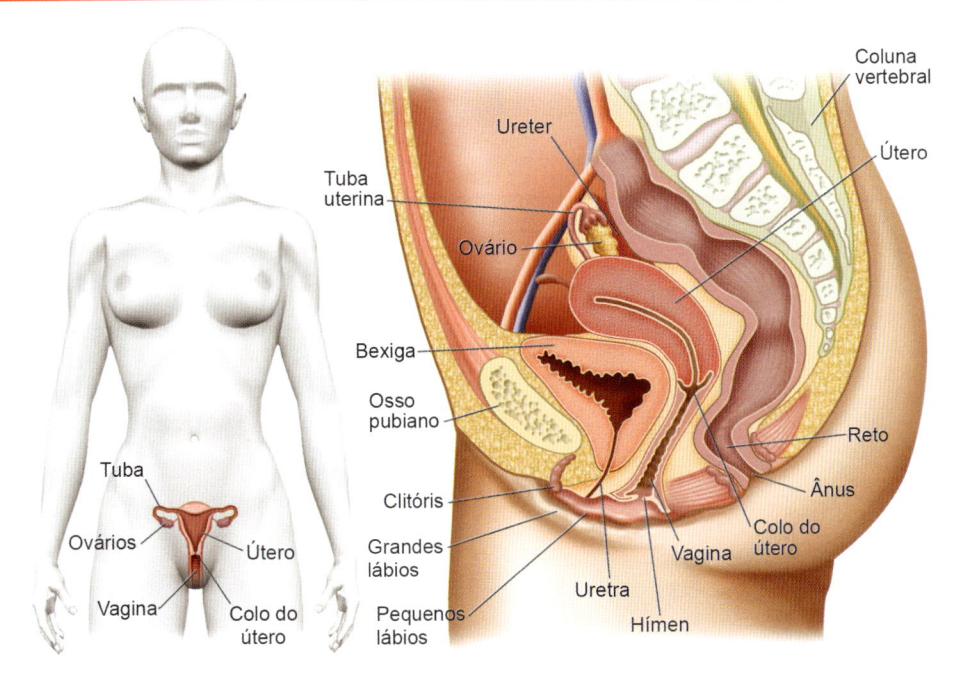

Sistema genital feminino.

o faz ficar ereto. Em estado de repouso, o pênis tem tamanho variável. Em média, no momento da ereção, atinge 16 centímetros de comprimento e 4 a 4,5 cm de diâmetro. Porém, tanto os pênis que atingem entre 9 e 12 centímetros quanto os que chegam a 17 e 22 centímetros são considerados normais.

Até que ponto um pênis maior melhora o desempenho do homem na hora do sexo? Aumentaria a satisfação sexual da mulher? É comum considerar um pênis mais desenvolvido como o responsável pela satisfação sexual mais intensa da mulher. O conceito é bem difundido, e muitos homens orgulham-se por tê-lo mais avantajado ou se sentem inferiorizados quando as dimensões são menores. Se você se encaixa na segunda categoria não se preocupe, pois a maior satisfação sexual da mulher não está relacionada ao tamanho do pênis do homem.

A penetração é apenas uma das fases do ato sexual, mas o prazer não depende somente dela. Não se pode esquecer de que as carícias também são extremamente importantes para a mulher. Na vulva, parte exterior do aparelho genital feminino, há duas dobras de pele, os chamados pequenos e grandes lábios. Na região anterior da vulva, está o clitóris, extremamente sensível ao tato, que, quando estimulado, dá à fêmea sensações de prazer. Esse local é responsável pela maioria dos orgasmos femininos.

7. A maratona da vida

Milhões de espermatozoides são eliminados a cada ejaculação.

Um espermatozoide leva uma hora para percorrer a distância entre o colo do útero e o óvulo.

Apenas um fecunda o óvulo.

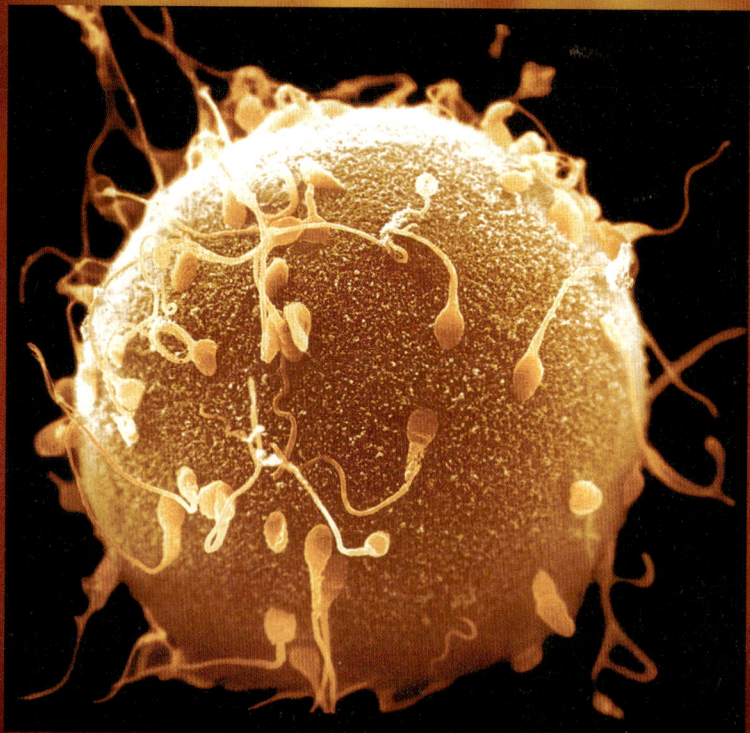

Uma vez por mês, um óvulo desprende-se do ovário e penetra em uma das tubas, podendo ser ou não fecundado nesse local. Se não for fecundado, o óvulo morre entre 12 e 24 horas. Já o espermatozoide tem vida média de 48 horas dentro do sistema reprodutor feminino.

Útero

1) O óvulo expelido pelo ovário normalmente penetrará na tuba uterina.

2) O espermatozoide fecunda o óvulo na tuba uterina formando uma única célula. Esta sofre divisões sucessivas, formando outras células e originando o embrião, que inicia sua formação ainda na tuba uterina.

3) O pequeno embrião é encaminhado para o útero por meio dos movimentos da tuba e dos cílios que a revestem.

4) No útero o embrião se fixa na mucosa uterina. Inicia-se a formação da placenta. Este órgão está ligado ao embrião ou ao feto por meio do cordão umbilical, pelo qual o novo ser recebe alimento e elimina excreta.

5) Nos dois primeiros meses (8 semanas) são formadas todas as estruturas do organismo, porém ainda de forma rudimentar.

6) Da nona semana em diante, o embrião é chamado de feto. Órgãos progressivamente vão sendo completados e o feto vai aumentando de tamanho.

7) A gravidez dura aproximadamente 266 dias, ou 38 semanas.

Colo do útero

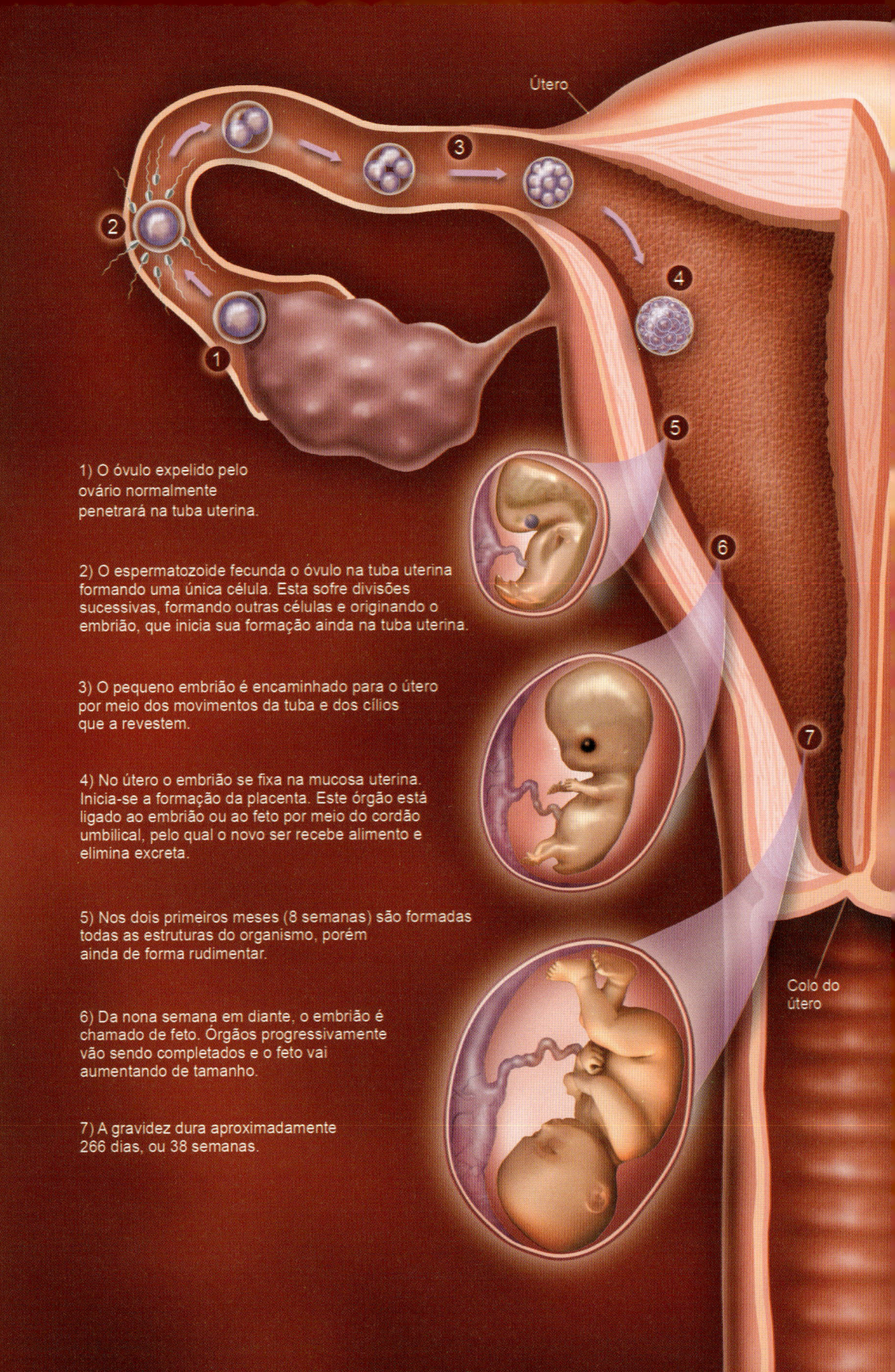

UM GRANDE ACONTECIMENTO

Na relação sexual, o esperma é lançado no fundo da vagina. Os espermatozoides nadam ativamente e muitos atravessam o orifício do colo do útero e, continuando o percurso através das paredes desse órgão, se encaminham até as tubas uterinas. Nesse local pode se dar o encontro do espermatozoide com o óvulo e, consequentemente, a fecundação.

Assim, um grande acontecimento marca o início de nossa vida: uma grande corrida, em que milhões de espermatozoides competem entre si para fecundar o óvulo.

No momento em que o espermatozoide penetra o óvulo, forma-se uma nova membrana, que impede a entrada de outros.

Com a morte de todos os participantes — com exceção do vencedor —, termina a grande corrida. O óvulo fecundado passa a se chamar ovo. É o início de uma nova vida.

O INÍCIO DE UMA NOVA VIDA

Quando chega ao útero, o ovo já não é apenas uma célula, pois o desenvolvimento do novo ser é muito rápido.

Na quarta semana de vida, o coração começa a bater. Olhos, nariz e boca são formados nas primeiras semanas de existência. Após oito semanas de desenvolvimento, inicia-se o estágio do feto, que vai até o final da gestação. Entre a décima primeira e a décima segunda semana, os dedos das mãos e dos pés, cobertos por uma pele finíssima, estão bem desenvolvidos. Como não há tecidos gordurosos, as veias e as artérias podem ser vistas perfeitamente. Nessa fase, o crescimento do corpo é mais rápido que em qualquer outro período da vida, e todas as suas partes são reconhecidas.

Embrião de oito semanas ligado à placenta de sua mãe por meio do cordão umbilical. Mergulhado numa bolsa cheia de um líquido chamado amniótico, o embrião já possui olhos e dedos visíveis. Com dois meses, o embrião possui em média 4 centímetros e pesa menos de 10 gramas.

No interior do útero materno, o feto será alimentado e protegido. Está dentro de uma bolsa d'água, que o protege contra possíveis acidentes que a mãe possa sofrer. Recebe continuamente alimento pelo cordão umbilical ligado à placenta e ouve sons, alguns tornando-se familiares, como os batimentos do coração da mãe. Todas as experiências que ocorrem no interior do útero materno em geral dão ao feto uma sensação agradável de segurança.

Isso ocorre também com outras espécies: cãezinhos que foram separados da mãe choram muito à noite. Para acalmá-los, coloca-se no local onde dormem um relógio enrolado num pano. O tique-taque, que eles associam às batidas do coração da mãe quando ainda estavam dentro de sua barriga, faz com que durmam com mais tranquilidade.

Se observarmos bem, pessoas de qualquer parte do mundo, quando estão tensas, andam de um lado para outro ou movimentam o corpo para a frente e para trás num ritmo incansável. Talvez esses movimentos rítmicos sejam associados, inconscientemente, à proteção que sentiam no útero, quando ouviam os sons rítmicos do coração materno. Talvez também, por esse mesmo motivo, instintivamente, a mãe embale o filho com movimentos rítmicos de vaivém.

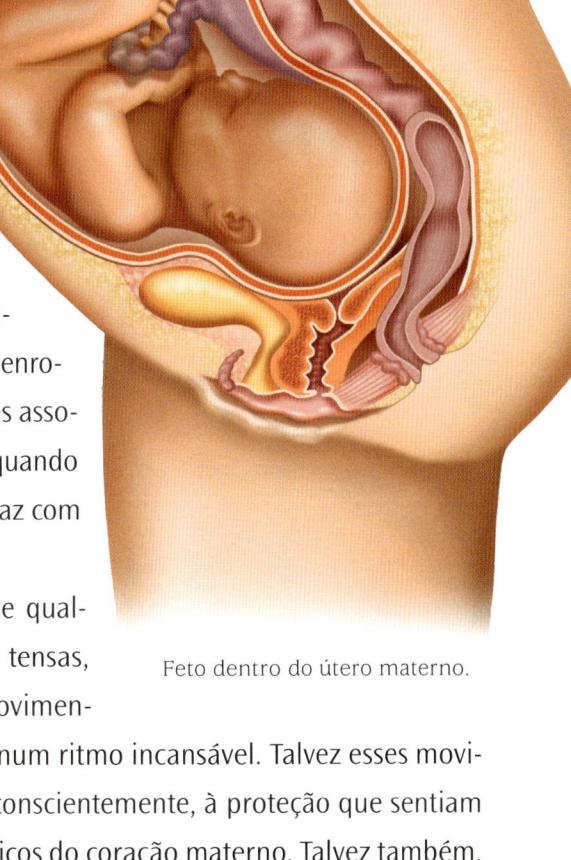

Feto dentro do útero materno.

Parece que os recém-nascidos guardam lembranças dos sons que ouviam dentro do útero materno. Em algumas experiências realizadas para estudar essa influência, bebês foram colocados em quartos onde, em determinados períodos, ouvia-se a gravação de batimentos cardíacos. O choro diminuía muito quando o som estava ligado, o que parece confirmar a presença dessas lembranças.

Há exagero em tudo isso? Não. O período em que o bebê passa no útero materno, imerso num líquido relativamente silencioso e aquecido, dá-lhe tranquilidade e proteção. Mas ele precisa nascer — sair do útero. Como será para ele a vinda para o mundo exterior? Será que oferecemos condições para que essa mudança não seja muito brusca?

O NASCIMENTO

Mais ou menos nove meses após a fecundação é chegada a hora do nascimento: o feto será expulso por meio das contrações das paredes do útero, que, inicialmente, serão fracas e espaçadas. A cada momento que passa, progressivamente, as contrações tornam-se mais fortes e frequentes. À medida que o traba-

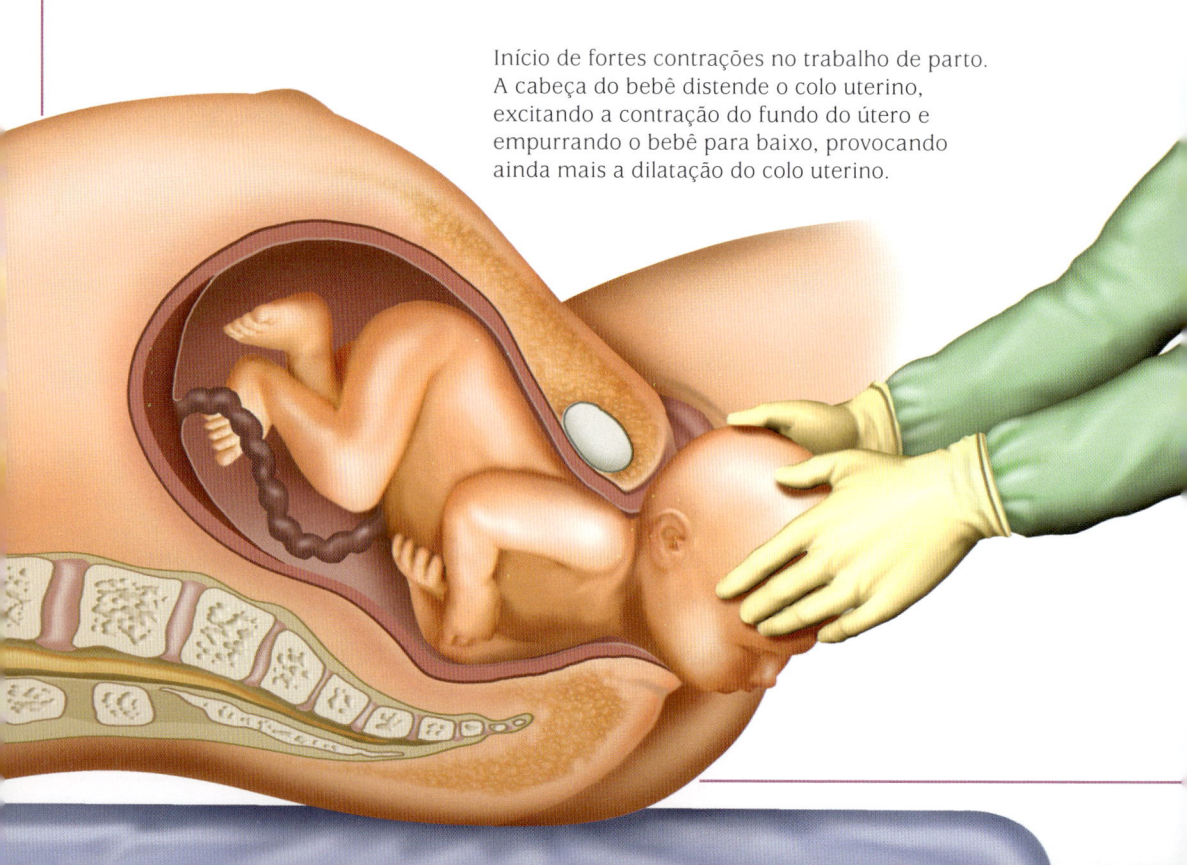

Início de fortes contrações no trabalho de parto. A cabeça do bebê distende o colo uterino, excitando a contração do fundo do útero e empurrando o bebê para baixo, provocando ainda mais a dilatação do colo uterino.

lho de parto se desenvolve, o colo uterino se dilata e rompe-se a bolsa d'água em que o feto está imerso, ocorrendo a eliminação do líquido amniótico pela vagina. Nesse momento, o bebê sente-se pressionado pelas paredes do útero.

Logo o bebê irá passar pelo colo do útero e da vagina, cujas paredes se distendem. Hormônios relaxam algumas ligações ósseas da região da bacia, tornando as articulações relativamente flexíveis. A pressão exercida pela cabeça da criança distende cartilagens, permitindo a sua passagem. Ao passar pelo osso da bacia, o crânio do bebê — que ainda não está ossificado — molda-se a ele, estreitando-se, voltando ao normal após o nascimento. Mesmo fora do corpo da mãe, o bebê continua ligado a ela pelo cordão umbilical, que, cortado pelo médico, separa fisicamente mãe e filho.

Chegando ao exterior, os olhos do bebê, não acostumados com a luminosidade, vão estranhar a luz geralmente forte da sala de parto. Como seu cordão umbilical é cortado antes mesmo que seus pulmões comecem a trabalhar, o bebê é obrigado a inspirar, o que faz com que seu pulmão funcione, provocando-lhe dor. Por isso ele chora. Em seguida, o útero expulsará a placenta.

Há bem pouco tempo, além da sala inadequada, o momento do nascimento também não era tratado com a devida sensibilidade. O médico, às vezes, segurava a criança de cabeça para baixo e ainda era capaz de dar uma leve "palmada de boas-vindas" em seu bumbum. Em seguida, entregava-o à enfermeira, para que aspirasse as substâncias que estivessem na sua boca e o vestisse. Esse era o parto tradicional. Como será que a criança se sentia nesse momento?

Assim nascia a maioria das crianças. Atualmente, o momento do parto está sendo visto com mais sensibilidade pelos profissionais de saúde. Em alguns hospitais, a sala de parto já é mais acolhedora. A criança, ainda com o cordão umbilical, é colocada sobre a barriga de sua mãe, e aos poucos começa a respirar. Somente quando o médico percebe que a criança já respira bem, pelos pulmões, é que seu cordão umbilical é cortado. A criança e a mãe são tratadas de forma mais natural, o que tem contribuído muito para a melhoria da qualidade desse momento.

Com o nascimento, termina para a criança um período de extrema ligação com a mãe, fase de sensações agradáveis e de proteção. Acredita-se que, armazenadas no cérebro, essas impressões suscitarão lembranças inconscientes de proteção e tranquilidade.

GRAVIDEZ NÃO É DOENÇA

Gravidez não significa apenas o crescimento do bebê no ventre materno, mas também o aparecimento de modificações no corpo da mulher grávida.

A presença do ovo no útero determina a cessação temporária do ciclo menstrual. Quando a mulher tem ciclo regular, a suspensão da menstruação é o sintoma mais evidente de gravidez. Juntamente com o atraso menstrual há ainda outros pequenos sintomas que podem indicar gravidez, como náuseas ao despertar, sonolência, aumento do volume dos seios, distúrbios urinários e outros. Muitas vezes, porém, a falta da menstruação deve-se a outros fatores, como o mau funcionamento do hipotálamo, que comanda o ciclo ovariano, e problemas emocionais. Portanto, a ausência da menstruação não é prova definitiva de gravidez.

Atualmente, o diagnóstico de gravidez é feito com grande facilidade por meio de testes que podem ser comprados em farmácias e realizados pela própria mulher, com boa probabilidade de acerto.

Levar uma vida normal e movimentar-se é importantíssimo para uma gestação saudável.

A BELEZA E A PERFEIÇÃO DA REPRODUÇÃO HUMANA

Nos mamíferos, incluindo-se o ser humano, a reprodução atingiu um alto grau de aperfeiçoamento. O seu mecanismo reflete a longa adaptação conseguida pelo processo de seleção natural, responsável por fazer desses animais os mais bem-sucedidos da Terra. Porém, para entender a importância e a beleza da reprodução humana e de outros mamíferos, temos que analisar a reprodução dos outros grupos de vertebrados (peixes, anfíbios, répteis e aves), para, tendo uma visão do conjunto, perceber como o processo reprodutivo, a partir dos peixes, foi gradativamente se aperfeiçoando.

Nos animais, a fusão do espermatozoide com o óvulo pode ocorrer no interior da fêmea – fecundação interna – ou fora do seu corpo – fecundação externa.

Nos peixes, apesar de existirem entre eles alguns casos de fecundação interna, como acontece com o tubarão, por exemplo, o mais comum é esse encontro se dar no meio exterior, ou seja, a fecundação é externa. Nesses animais, são imensas as dificuldades para que as células reprodutoras eliminadas se encontrem em um meio líquido em movimento, mas há alguns mecanismos que facilitam esse encontro. Um deles é a fabricação de um grande número de células reprodutoras, aumentando as possibilidades de essas células se encontrarem. Outro mecanismo são os ritos nupciais, que, aproximando os casais, garantem a eliminação do esperma e do óvulo simultaneamente e em lugares próximos. É bastante conhecido o fenômeno da piracema, quando os peixes sobem em direção à nascente dos rios, onde desovam em águas mais límpidas e tranquilas.

Dos peixes surgiram os anfíbios (sapos, rãs), com adaptações que lhes permitiram ocupar a terra firme. Embora sua reprodução tenha sofrido modificações positivas, a fecundação continua a ser externa. Porém, no ato sexual o macho abraça a fêmea — o abraço nupcial —, aumentando as possibilidades do encontro das células reprodutoras. Em um determinado momento em que estão abraçados, a fêmea elimina os óvulos e o macho despeja sobre eles o esperma, rico em espermatozoides.

Os anfíbios originaram os répteis, animais que possuem um elemento novo — o pênis —, que permite a introdução do esperma diretamente no corpo da fêmea. Assim, óvulo e espermatozoide encontram-se no interior da fêmea, aumentando muito as chances de fecundação. As modificações não se restringiram ao aparecimento do pênis: com a fecundação interna, o ovo pôde ter um envoltório protetor contra a perda de água. Isso permitiu que, ao ser expelido pela fêmea, o ovo pudesse sobreviver em contato com o ambiente externo até o nascimento do filhote, mesmo em regiões quentes e secas da Terra.

Os répteis originaram tanto as aves como os mamíferos. As aves possuem as mesmas características dos répteis quanto à fecundação e à presença do ovo com casca calcária. Porém, como apresentam o corpo constantemente aquecido, independentemente da temperatura ambiente, elas chocam os ovos, permanecendo sobre eles o tempo todo, até o nascimento, quando se iniciam os cuidados com a prole.

Nos mamíferos — cuja espécie mais representativa é o ser humano —, a eliminação do esperma também ocorre dentro da fêmea, mas a grande vantagem dos mamíferos sobre todos os demais grupos é o desenvolvimento do ovo dentro do útero. Assim, o embrião do ser humano desfruta, como todos os outros mamíferos, de privilégios que outros grupos desconhecem: dentro do corpo da mãe,

A BELEZA E A PERFEIÇÃO DA REPRODUÇÃO HUMANA

O instinto de conservação da espécie é tão importante entre os animais que grandes esforços são realizados nesse sentido. Na época da reprodução, os peixes, vencendo todos os obstáculos, sobem os rios em direção à nascente para desovar. Eles procuram água mais limpa e rica em oxigênio para garantir o bom desenvolvimento de seus filhotes.

Apesar de nos sapos o encontro das células reprodutoras se dar no meio externo, como nos peixes, o abraço nupcial unindo os corpos e a eliminação dos espermatozoides sobre os óvulos aumentam a possibilidade da fecundação.

Foto de ovos de anfíbio. O ovo não apresenta uma casca protetora contra a perda da água.

As aves têm um cuidado especial com os filhotes. Elas constroem os ninhos, aquecem os ovos com a temperatura do seu corpo e alimentam os filhotes recém-nascidos. Em geral, a alimentação é feita pelo macho e pela fêmea.

Nos répteis, após a fecundação do óvulo no interior do corpo da fêmea, há a formação de uma casca que envolve o ovo e protege o embrião. Foto: ovos da cobra indiana Pyton.

Nos mamíferos, dentro do útero materno, o novo ser está se alimentando e protegido. A bolsa d'água o protege contra possíveis acidentes que a mãe possa sofrer.

As glândulas mamárias da mãe fabricam leite, que serve de alimento para o filho após o nascimento.

imerso em um líquido, está protegido não só da ação de possíveis predadores como também de golpes e quedas, além de ter sempre alimento e temperatura constante. Como se não bastasse, depois do nascimento, a mãe, através das glândulas mamárias, ainda fabrica seu alimento.

Lembrando as dificuldades para o encontro dos gametas (células reprodutoras) dos peixes e estabelecendo um paralelo com a fecundação interna, percebemos as vantagens do grupo dos mamíferos.

Observando a frágil casca do ovo dos répteis e das aves, e comparando com a segurança do desenvolvimento do filho no interior do corpo da mãe, não podemos deixar de nos maravilhar por pertencer a um grupo cuja reprodução atinge tal grau de perfeição.

Segundo o biólogo Frota Pessoa, em sua obra *Manual de Biologia*, a função reprodutora tem um importante papel em nossas relações sociais, pois de todas as funções essa é a única que não podemos realizar sozinhos. Podemos respirar, comer, nos mover, mas não podemos gerar um filho sem outro ser. Por fim, essa função é em certo sentido a mais nobre de todas. Enquanto as outras funções

O nascimento de um filho permite a perpetuação dos genes da família por várias gerações, assim como da própria espécie humana.

são realizadas para suprir necessidades individuais, a reprodução tem também a função de ser responsável pela perpetuação da existência da vida na Terra.

Normalmente, o ser humano teme a morte porque a desconhece e também porque, inconscientemente, deseja perpetuar-se. Muitas vezes, procura sublimar esse desejo em ações e obras, mas é a vinda de um filho que lhe permite perpetuar seus genes através das gerações, dando indiretamente continuidade a sua existência.

8. A sociedade humana e a cultura

A IMPORTÂNCIA DA FAMÍLIA

Entre os mamíferos, os primatas são os que mais dedicam cuidados à prole. A maioria tem apenas um só filhote por parto e cuida dele durante longo tempo. Na espécie humana, porém, os cuidados com os filhos tornaram-se maiores do que aqueles dispensados pelos seus ancestrais, pois, além de os bebês nascerem dependentes, a infância do ser humano também se alongou.

O filhote de chimpanzé, apesar de continuar perto da mãe, torna-se responsável pelo próprio alimento no momento em que para de mamar, o que não acontece com os humanos, que durante a infância e a adolescência prolongadas são dependentes dos pais. Isso foi vantajoso para nossa espécie, uma vez que há mais tempo para se aprender como viver num mundo mais complexo.

Nesse período de desenvolvimento — em que ainda dependem dos pais —, aprendem os valores culturais básicos por meio de ensinamentos recebidos não só dos pais como também de outras pessoas da família ou do meio em que vivem.

Essas características, aliadas ao sistema nervoso bem desenvolvido, foram fundamentais para a evolução cultural da humanidade.

EXPRESSANDO IDEIAS E EMOÇÕES

O ser humano exprime de vários modos suas ideias e emoções. Isso é feito por meio de símbolos. Por símbolos entendemos as palavras, as pinturas, os números, as representações em geral. Ao conjunto desses meios de expressão dá-se o nome de linguagem, que se manifesta por sons articulados na linguagem falada, por sinais gráficos na escrita, por gestos na mímica e assim por diante.

A linguagem resulta da associação de vários desses símbolos, e por meio dela o ser humano transmite pensamentos e acontecimentos de sua cultura. Podemos dizer que a mente, tal como existe hoje, surgiu quando os humanos começaram a criar símbolos para expressar pensamentos e conceitos. Nessa ocasião, nasceram as primeiras manifestações artísticas, como as pinturas, as gravações em pedra e as esculturas.

Encontradas no interior de cavernas, as pinturas, denominadas rupestres, ou seja, feitas nas rochas, datam do fim da era glacial, em 30000 a.C., na região que corresponde hoje ao continente europeu. Essa arte alcançou seu apogeu em 12000 a.C., em cavernas do sudoeste da França e norte da Espanha. Espalhou-se pela África, norte da Ásia, América do Sul e norte da Austrália. Eram representações — geralmente de animais — ricas em detalhes, beleza e movimento. Figuras de touro, cavalo e bisão são as mais encontradas. Algumas, por sua beleza, demonstram que aquele "homem das cavernas" era rústico, mas não insensível. As pinturas mais famosas e conhecidas foram feitas pelo homem de Cro-Magnon — assim chamado porque seus fósseis foram encontrados na região da França que tem esse nome. Esses artistas pré-históricos já eram da nossa espécie: *Homo sapiens sapiens.*

Antigamente, julgava-se que os animais representados nas pinturas fossem uma referência à caça, que simbolizava a conquista e o prestígio dentro do grupo. Atualmente, já não se considera que essas pinturas estejam relacionadas a esse tipo de atividade.

Estudos demonstram que, embora o homem de Cro-Magnon preferisse caçar a rena, esse foi o animal que ele menos representou. Pesquisas com restos de animais encontrados em acampamentos desse ser humano primitivo revelam que o cavalo, representado em 60% das pinturas, corresponde a somente 0,8% do total dos restos de animais encontrados. Ou seja, o animal que o homem de Cro-Magnon menos caçava foi o que ele mais representou em suas pinturas. Portanto, talvez pintasse não para ter caça abundante, mas para adquirir a for-

Pinturas rupestres na caverna de Lascaux, na França (15000–13000 a.C.), são evidências dos primeiros feitos artísticos humanos. Algumas delas apresentam excelente qualidade e são consideradas pelos especialistas resultado de um bom desenvolvimento artístico e intelectual.

ça do animal que mais apreciava; ou, segundo outras interpretações, as figuras constituíssem símbolos masculinos e femininos, como também a organização social do grupo, ou, ainda, talvez estivessem relacionadas a algum mito, ou seja, crença popular fantasiosa. É possível, também, que apenas expressassem a arte pela arte, tal como muitos artistas modernos.

No Brasil, existem cavernas com pinturas rupestres no Piauí e em Minas Gerais, entre outras. A descoberta mais recente (1996) é a Caverna da Pedra Pintada, na cidade de Monte Alegre, no Pará. São pinturas em tons avermelhados, que chegam a ter 11.200 anos.

A IMPORTÂNCIA DA LINGUAGEM FALADA

O desenvolvimento da linguagem falada foi um fator importantíssimo para a evolução humana. Essa habilidade confere aos humanos superioridade sobre os outros animais, permitindo a comunicação de suas experiências e uma troca recíproca de sentimentos e emoções.

O ser humano é capaz de produzir sons e articular até cinquenta fonemas com facilidade. Os macacos articulam apenas doze. Apesar de a diferença numérica não ser muito grande, a habilidade humana consiste em agrupar e arranjar fonemas, originando assim milhares de palavras, que, por sua vez, podem organizar milhares de sentenças. Desse modo, dispondo de um vocabulário rico, a comunicação resulta detalhada e completa.

A linguagem falada surgiu como consequência do aumento do cérebro humano e de modificações ósseas do crânio. Todavia não se sabe se apareceu repentinamente, em época recente, ou se houve uma evolução gradual, a partir de épocas mais primitivas, através da seleção natural.

O cientista Steven Pinker, em seu livro *O instinto da linguagem* (2004), apresenta muitos indícios em favor do fundamento genético da linguagem falada. Ele sustenta ser a seleção natural responsável pelo seu aparecimento, presumindo que suas raízes estejam em nossa fase pré-cultural, quando os sons emitidos pelos nossos ancestrais (provavelmente semelhantes aos dos macacos atuais) foram se modificando progressivamente e se reestruturando. Inicialmente pouco elaborada e restrita, porém de altíssimo valor adaptativo, a linguagem falada teria sido muito útil à sobrevivência e à reprodução do ser humano.

Como o modo de vida coletor-caçador requeria habilidades e desenvolvimento de atividades complexas — divisão do trabalho, retorno ao local de morada, partilha de alimento, cooperação —, pressupõe-se que era necessário um mínimo de comunicação. Desse modo, a linguagem passou a ser cada vez mais importante para estabelecer as estratégias da caça, o local de coleta de alimentos, a organização de defesas contra agentes naturais, bem como para resolver outros problemas que surgissem ao longo dessas atividades. Portanto, favorecia a sobrevivência de quem a usasse.

Aqueles que nasciam com maior capacidade para usar a linguagem falada ou para criar outras formas de comunicação tinham maior probabilidade de sobrevivência e, consequentemente, de transmitir seus genes. Assim, essa habilidade foi se perpetuando através da seleção natural.

A espécie humana produz não só sons básicos instintivos — semelhantes aos de outros primatas —, como também sons tipicamente humanos, que ocorrem em qualquer sociedade e região, independentemente da língua ou da cultura. Choros, gemidos, expressões de alegria são encontrados em todas as culturas e transmitem as mesmas mensagens.

Os sons emitidos pelos humanos são produzidos pelo ar que sai dos pulmões, que, ao passar pela laringe, faz vibrar as pregas vocais. A frequência da vibração depende do comprimento e da espessura dessas pregas. Assim, quanto mais espessas, mais grave é o som. As mulheres e as crianças, como possuem pregas vocais relativamente mais curtas e finas do que as dos homens, têm voz mais aguda. Quando crianças, as nossas pregas vocais, curtas e finas, vibravam rapidamente e produziam sons mais agudos. O timbre, que nos permite distinguir a voz das pessoas, depende das vibrações acessórias nas cavidades anexas à laringe — pulmões, traqueia, faringe, boca e cavidade nasal —, que modificam e reforçam os sons. Você já deve ter notado que quando está resfriado sua voz fica fanhosa, isso porque algumas dessas cavidades, quando obstruídas, modificam a qualidade do som produzido.

Na espécie humana, a localização da laringe — abaixo da faringe — faz com que ela funcione como uma grande câmara sonora, sendo a maior responsável pela fala bem articulada. A ampla variedade de sons que produzimos deve-se a esse fato. Nos outros mamíferos, esse órgão situa-se na parte superior da faringe. Essa posição, embora lhes dê a vantagem de poder respirar e engolir ao mesmo tempo, determina que a faringe seja uma pequena cavidade — o que lhes tira a capacidade de articular sons com facilidade, tal como os humanos.

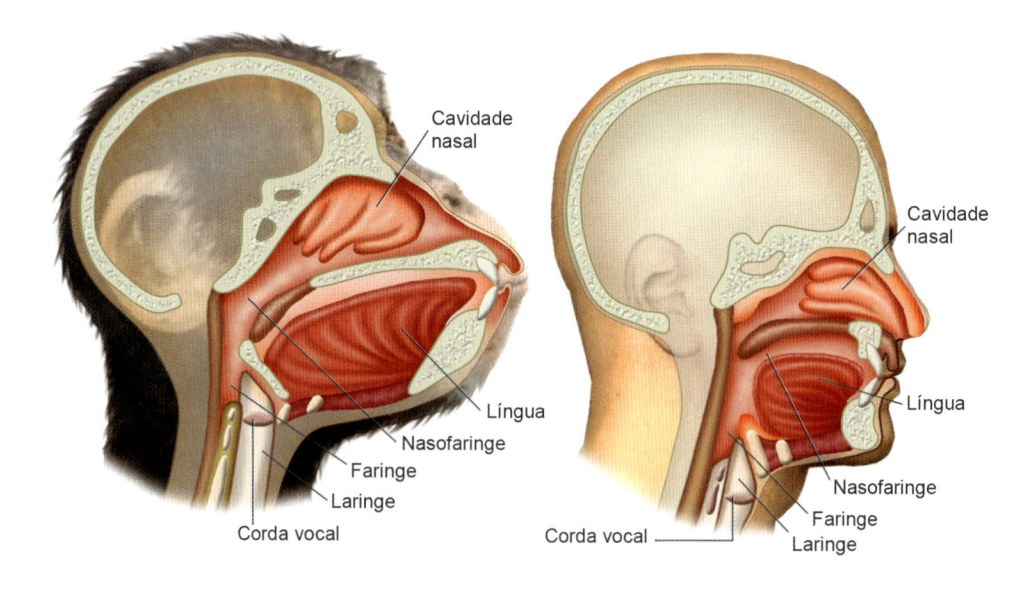

Estrutura anatômica da boca. No chimpanzé como nos demais mamíferos, exceto os humanos, a laringe localiza-se no alto da garganta, permitindo que respirem e comam ao mesmo tempo. Nos seres humanos, a laringe situa-se mais abaixo, na garganta. Por esse motivo, não podem engolir e respirar ao mesmo tempo. Em compensação, podem produzir uma gama bem maior de sons em relação a outros animais.

A posição e o tipo de laringe do ser humano determinam a forma arqueada da base do crânio. Desse modo, observando-se a base do crânio de fósseis dos nossos ancestrais, podemos determinar a época em que começaram a apresentar essa característica, que permite emitir sons com mais facilidade. O crânio mais antigo com forma arqueada que se conhece data de 300 a 400 mil anos. Na verdade, dificilmente se determinará com precisão o período do aparecimento da fala; o importante é entender o papel que essa habilidade teve e tem na formação da consciência.

O estudo anatômico dos fósseis indica uma evolução gradual das habilidades linguísticas. Estudando-se a produção dos objetos fabricados pelos nossos antepassados, constata-se que há 250 mil anos se fabricavam cerca de 60 tipos deles — que pouco mudaram durante 200 mil anos. Essa falta de novos modelos sugere que ainda não havia mente criativa verdadeiramente humana. Há apenas 35 mil anos surgiram novos tipos, indicando que nessa época os humanos já apresentavam maior criatividade. Como esses artefatos foram encontrados em várias regiões diferentes, acredita-se que já devia haver algum esboço de linguagem falada que facilitou a difusão desses objetos.

Desse modo, podemos dizer que o aparecimento da cultura relaciona-se diretamente ao desenvolvimento da linguagem falada, fator fundamental para que haja cultura e civilização. Assim, alguns autores consideram-na a base da evolução do ser humano, pois permitiu a troca de experiências, tornando o mundo mental mais rico.

O DESPERTAR DA CONSCIÊNCIA

Será que os outros animais também têm consciência? Até bem pouco tempo essa indagação não teria sentido, e a resposta seria um sonoro "Não!". Atualmente, como se descobriu que o chimpanzé e o elefante reconhecem sua imagem no espelho, já não podemos mais responder negativamente a essa pergunta.

Pesquisadores mancharam de vermelho a testa de um chimpanzé e o colocaram na frente do espelho; imediatamente, ele colocou a mão na testa: sabia que era sua imagem. Outros tipos de macacos, porém, não possuem a mesma capacidade. Portanto, devem existir vários níveis de consciência, sendo a consciência humana a mais diferenciada. Como diz o antropólogo Richard Leakey, é "o produto de uma criação muito especial".

A bióloga Jane Goodall passou várias décadas observando e estudando os chimpanzés livres no Parque Nacional de Gombe, na Tanzânia. Suas observações serviram para chamar a atenção do mundo científico e leigo para o fato de os animais também terem história: estrutura familiar, dinastia, líderes etc.

A partir de 1960, vários trabalhos têm demonstrado que determinados comportamentos considerados essencialmente humanos — reconhecer-se diante do espelho, usar símbolos, fabricar artefatos e ferramentas — não são exclusividade da espécie humana. Experiências realizadas com chimpanzés já demonstraram que eles relacionam com facilidade símbolos com objetos. Outros animais também são capazes de fazer essa associação. Os cães, por exemplo, ficam felizes ao ver seus donos pegarem a coleira, pois associam a coleira ao passeio na rua, assim como associam uma vasilha com o alimento. Havia, porém, uma curiosidade entre os pesquisadores: queriam saber se os chimpanzés usariam os símbolos para pensar abstratamente. Para isso, em um teste, ensinaram-lhes o que era comida e o que era ferramenta. Posteriormente, mostraram outras comidas e outras ferramentas: os chimpanzés separaram com facilidade as comidas das ferramentas, mostrando que seu intelecto é capaz de realizar abstrações.

Somente com o aparecimento da capacidade de pensar simbolicamente e de trabalhar com ideias abstratas é que o ser humano pôde desenvolver conceitos sobre ética e moral e regras sobre sexo e amor.

Os chimpanzés utilizam pedaços de pau para retirar formigas ou cupins de dentro do formigueiro ou cupinzeiro. Esses paus agem como ferramentas para realizarem seu trabalho.

9. O ser humano e a valorização da vida

A SOCIEDADE HUMANA HOJE

A espécie humana é o resultado de modificações genéticas que ocorreram, gradativamente, ao longo de milhões de anos. Durante esse período, foram selecionados indivíduos com características biológicas que se adaptavam ao ambiente em que viviam. Como as modificações ambientais ocorriam lentamente, uma cultura relacionada às características do ambiente foi sendo criada ao mesmo tempo.

Assim, as diferentes culturas produzidas pela sociedade humana foram formando padrões comportamentais relacionados às suas tendências biológicas naturais. As modificações culturais fluíam lentamente, permitindo que as pessoas fossem conhecendo e se adaptando a essas mudanças de forma gradativa.

No mundo moderno, a velocidade com que ocorrem as modificações sociais e ambientais dificulta a adaptação dos seres humanos à nova realidade. Assim, quanto mais a cultura se desenvolve, mais o ser humano se afasta das suas necessidades biológicas inatas.

Os avanços tecnológicos melhoraram muito a qualidade de vida, proporcionando a quase todos mais conforto e bem-estar. Porém, ao mesmo tempo, foram surgindo organizações sociais cada vez mais complexas. Desse modo, muitas ve-

O contato mais íntimo com a natureza e com outros seres vivos permite que o ser humano conheça e compreenda melhor suas relações com o ambiente.

No mundo moderno, a tecnologia melhorou consideravelmente a qualidade de vida para uma boa parcela da humanidade. Por sua vez, dificultou a percepção do ser humano nas relações com o meio em que vive.

zes, as regras comportamentais de nossa sociedade ferem em muitos aspectos nossas tendências naturais.

Em culturas menos complexas, o ser humano tem a possibilidade de conhecer e entender melhor o ambiente em que vive, como parte de um todo.

Em culturas mais complexas, como a nossa, é diferente, pois cada um possui apenas uma pequena parcela de conhecimentos sobre o que está a sua volta, perdendo a noção de que faz parte integrante de um ambiente maior.

A extrema especialização do mundo moderno não permite que as pessoas vejam o mundo como um todo, mas fragmentado. Em culturas menos complexas, cada participante faz um pouco de cada coisa ou é capaz de realizar quase todas as funções. Para essa pessoa fica mais fácil entender as relações com o meio físico e com os outros seres.

No entanto, com o avanço e a rapidez das novas tecnologias, aumentaram as diferenças e o distanciamento entre as gerações, dificultando a transmissão das tradições culturais. Por exemplo, o avô muitas vezes não sabe manipular o computador ou outros aparelhos com a mesma facilidade que o neto. Com o aumento da distância entre as linguagens, os mais velhos vão deixando de ser os transmissores do conhecimento. Esse fator e o alto poder de influência dos meios de comunicação estão padronizando as diferentes culturas e determinando que diferentes povos se tornem cada vez mais parecidos. Esse é um dos aspectos do fenômeno da globalização.

Paralelamente a essas questões ocorrem outras: por exemplo, a escassez dos combustíveis fósseis (com previsão de esgotamento); a deterioração da qualidade de vida em decorrência da superpopulação; e o agravamento dos problemas ecológicos resultantes de uma tecnologia muitas vezes predatória, que põe em risco a segurança e a continuidade da espécie humana.

A sociedade humana já passou por muitas crises e conseguiu superá-las. Hoje, porém, vivemos uma crise ambiental que envolve toda a Terra, e pela primeira vez ameaça a nossa sobrevivência.

CRISES: OPORTUNIDADE PARA REAVALIAR CAMINHOS

Em seu livro *25ª hora*, o escritor romeno Virgil Gheorghiu conta que, antigamente, os submarinos não dispunham de aparelhos capazes de detectar o nível de oxigênio do ar. Para que se soubesse o momento em que o ar deveria ser renovado, havia a bordo uma gaiola com ratinhos vivos. Os marinheiros sabiam que, se fosse diminuída a taxa de oxigênio, os ratos morreriam; e se o submarino não emergisse em cinco ou seis horas, no máximo, a tripulação também morreria.

Gheorghiu, comparando a sociedade de sua época — em plena Segunda Guerra Mundial (1938-1945) — a esses submarinos, conclui que a "atmosfera" em que se vivia naquele momento já não podia mais ser suportada pelo ser humano. A sua conclusão ajusta-se perfeitamente aos dias atuais: somos integrantes de um grande navio, que é a Terra. Se nela existissem ratinhos para mostrar uma situação de alerta, eles já estariam mortos. Não há ratinhos, mas há outros sinais evidentes. Portanto, está na hora de emergirmos para nos salvar. Subir à tona significa reconhecer nossa condição animal e integrar-nos à vida como parte de um todo. Significa mudar a mentalidade e as atitudes não só em relação a nossa vida, mas também à vida na Terra como um todo, da qual todos nós dependemos.

Quanto tempo nos resta? Não muito!

Em seu livro *O ponto de mutação*, escrito no começo da década de 1980, o físico Fritjof Capra acreditava que já naquela época estavam presentes vários indicadores que apontavam transformações culturais em várias sociedades, tais como a desintegração social, o maior interesse pela prática religiosa, os crimes violentos etc. Portanto, segundo esse autor, em breve ocorreriam, como já têm ocorrido, transformações culturais, pois "em tempos de mudança cultural histórica, estes indicadores tendem a manifestar-se de uma a três décadas antes da transformação central, aumentando em frequência e em intensidade à medida que a transformação se avizinha e declinando após a sua ocorrência".

Essa transformação histórica, de grandes proporções, não se restringirá a um único povo, a uma dada cultura, mas envolverá o mundo inteiro. Para compreender a crise atual, sugere Capra, temos de analisá-la no contexto da evolução cultural humana e entendê-la não como o fim de um processo, mas como uma fase de transformação e oportunidade para rever valores e caminhos.

Desde que os livros *25ª hora* e *O ponto de mutação* foram escritos até nossos dias, muita coisa mudou. As gerações anteriores não tiveram consciência dos problemas da Terra, discutidos e resolvidos como se fossem apenas questões regionais. Atualmente, já há discussões em nível global, com representantes do mundo inteiro, mas ainda falta uma real conscientização dos problemas ecológicos, do papel e das responsabilidades do ser humano.

Cumpre-nos alertar a todos não só sobre os problemas ecológicos, mas também sobre a necessidade de valorizar as características que nos tornaram humanos. Temos de trabalhar para que as realizações intelectuais e emocionais sejam valorizadas. É necessário despertar as sensações que permitam perceber o belo e o bom. Fazer o homem encontrar-se com a natureza e perceber a beleza e a harmonia do mundo vivo. Fazê-lo entender sua extrema dependência do meio em que vive e as relações íntimas que mantém com ele.

Para que todos se sensibilizem diante dessas questões, é necessário que cada um se reconheça como um ser integrante da natureza dentro de um sistema com determinados limites que devem ser respeitados. É a partir dessa conscientização que deverá surgir uma nova postura, que se traduzirá em um profundo respeito à vida.

O desenvolvimento do nosso sistema nervoso deu-nos uma característica única, que é o livre-arbítrio. Essa capacidade de tomar decisões nos traz a grande responsabilidade de decidir sobre os destinos do nosso planeta e o nosso próprio destino. Vamos implodi-lo com nossas bombas nucleares? Vamos continuar poluindo e modificando os ecossistemas a ponto de extinguir grande parte das espécies vivas e arriscar a sobrevivência da nossa própria espécie? É isso que queremos? E as características verdadeiramente humanas devem ser valorizadas? Temos de decidir. Os ratos já morreram. Faltam poucas horas. Somente o ser humano poderá responder a essas perguntas. Esperamos que com as respostas, juntos, possamos clamar, assim como o poeta:

> *"Fica decretado que agora vale a verdade,*
> *que agora vale a vida*
> *e que de mãos dadas*
> *trabalharemos todos pela vida verdadeira".*
>
> Thiago de Mello

Bibliografia

COSTA, Ronaldo Pamplona da. *Os onze sexos*: as múltiplas faces da sexualidade humana. São Paulo: Editora Gente, 1994.

DARWIN, Charles. *A expressão das emoções no homem e nos animais*. São Paulo: Companhia das Letras, 2000.

FISHER, Helen E. *A anatomia do amor*: a história natural da monogamia, do adultério e do divórcio. Rio de Janeiro: Eureka, 1995.

FROMM, Erich. *A arte de amar*. Belo Horizonte: Editora Itatiaia Ltda., 2001.

GHEORGHIN, C. Virgil. *25ª hora*. Rio de Janeiro: Intrínseca, 2014.

GOODALL, Jane. *Uma janela para a vida*: 30 anos com os chimpanzés na Tanzânia. Rio de Janeiro: Editora Koogan, 1998.

GUYTON, Arthe C. e HALL, John E. *Fisiologia humana e mecanismos das doenças*. Rio de Janeiro: Editora Koogan, 1998.

LEAKEY, Richard E. *A origem da espécie humana*. Trad. de Alexandre Tort. Rio de Janeiro: Editora Rocco, 1995.

LEAKEY, Richard E. e LEWIN, Roger. *O povo do lago*: o homem, suas origens, natureza e futuro. Brasília: Editora Universidade de Brasília. São Paulo: Melhoramentos, 1988.

LOMMEL, Andréas. *O mundo da arte*. 7ª ed. Rio de Janeiro: Expressão e Cultura, 1979.

LORENZ, Konrad. *A demolição do homem*: crítica à falsa religião do progresso. São Paulo: Editora Brasiliense, 1996.

MELLO, Thiago de. *Estatutos do homem*. São Paulo: Livraria Martins Fontes Editora Ltda., 1987.

MORRIS, Desmond. *O macaco nu*. Licença editorial para o Círculo do Livro, São Paulo, 1973, por cortesia da Distribuidora Record de Serviços de Imprensa S/A.

PESSOA, Oswaldo Frota. *Manual de Biologia*. Rio de Janeiro: Editora Fundo de Cultura S/A, 1960.

PINKER, Steven. *O instinto da linguagem*. São Paulo: Martins Editora, 2004.

RUSE, Michael. *Levando Darwin a sério*. Belo Horizonte: Editora Itatiaia Ltda., 1995.

SOCZKA, Luis. *Ensaios de etologia social*. Lisboa: Fim de século edições Ltda., 1994.